TULIXUE YU JICHU GONGCHENG XITI JIEXI

土力学与基础工程

习题解析

赵心涛/主　编
王　芹　赵心福　纪　方/副主编
刘　池　黎玺克　张金涛

人民交通出版社股份有限公司
China Communications Press Co.,Ltd.

内 容 提 要

本书依据最新注册岩土工程师执业资格考试大纲、国家标准《岩土工程勘察规范》、《建筑地基基础设计规范》等最新规范编写。

本书分为两篇,上篇为“土力学习题解析”,按照土的物理性质与工程分类、土的渗透性与渗流问题、土体中的应力计算、土的变形特性与地基沉降计算、土的抗剪强度、挡土结构物上的土压力、土坡稳定分析、地基承载力、土的动力特性等9章课后习题进行解析;下篇为“基础工程习题解析”,按照地基勘察、天然地基上浅基础的设计、柱下条形基础、筏形基础和箱形基础、桩基础和深基础、地基处理、基坑开挖和地下水控制、特殊土地基、地基抗震分析和设计等8章课后习题进行解析。书后附常用数据表。

本书可作为广大注册岩土工程师资格考试相关内容的复习教材,也可作为高等学校土木工程及相关专业的辅导教材,并可作为土木工程和水利工程、港口工程、道路工程等专业研究生考试的辅导教材,同时也可供岩土工程和土建专业人员及科研人员参考。

图书在版编目(CIP)数据

土力学与基础工程习题解析 / 赵心涛主编. — 北京:人民交通出版社股份有限公司, 2017.3

ISBN 978-7-114-13717-4

Ⅰ.①土… Ⅱ.①赵… Ⅲ.①土力学—资格考试—题解 ②基础(工程)—资格考试—题解 Ⅳ.①TU4

中国版本图书馆 CIP 数据核字(2017)第 053543 号

书　　名:土力学与基础工程习题解析
著 作 者:赵心涛
责任编辑:谢海龙
出版发行:人民交通出版社股份有限公司
地　　址:(100011)北京市朝阳区安定门外外馆斜街 3 号
网　　址:http://www.ccpress.com.cn
销售电话:(010)59757973
总 经 销:人民交通出版社股份有限公司发行部
经　　销:各地新华书店
印　　刷:北京鑫正大印刷有限公司
开　　本:787 × 1092　1/16
印　　张:11.5
字　　数:269 千
版　　次:2017 年 4 月　第 1 版
印　　次:2018 年 6 月　第 2 次印刷
书　　号:ISBN 978-7-114-13717-4
定　　价:48.00 元

前　言

随着岩土工程行业的发展和国家注册执业制度的实施,越来越多的工程师加入到国家注册土木工程师(岩土)考试的队伍中来。掌握土力学和基础工程的基本概念、原理是备考注册岩土专业考试的第一步,也是最为关键的一步。李广信教授主编的《土力学》(第 2 版)和周景星教授主编的《基础工程》(第 3 版)是多年来诸多注岩考生推崇的经典教材,被誉为备考路上必须掌握的核心教材。

“学而不思则罔,思而不学则殆”,尤其对于土力学和基础工程两门课程的学习,勤思多练,把题目做精做透并能够举一反三,对于迅速掌握基本概念和原理事半功倍。而清晰的概念,不论是对通过注岩考试,还是从事岩土工程相关工作都至关重要。为了帮助广大考生提高两门课程的学习质量,现精选相关教材配套的例题和习题进行了详细的解析,并结合注册考试实际题型进行了扩展。本书可作为广大注册岩土工程师资格考试相关内容的复习教材,也可作为高等学校土木工程及相关专业的辅导教材,并可作为土木工程和水利工程、港口工程、道路工程等专业研究生考试的辅导教材,同时也可供岩土工程和土建专业人员及科研人员参考。

本书由赵心涛主编,王芹、赵心福、纪方、刘池、黎玺克、张金涛参编。

本编写团队同时为读者提供线上答疑服务,欢迎加入 QQ 群交流(570964431)。

由于编者水平和能力的限制及时间匆忙,本书中定有许多不当之处。编者将以感激的心情诚恳接受旨在改进本书的所有读者的批评和建议。

编　者

2017 年 2 月

目　　录

上篇　土力学习题解析

下篇　基础工程习题解析

上　篇

土力学习题解析

第 1 章　土的物理性质和工程分类习题解析

1-1 在某一地下水位以上的土层中，用体积 72cm³ 的环刀取样，经测定土样质量 129.1g，烘干质量为 121.5g，土粒相对密度为 2.70。问该土样的含水率、天然（湿）重度、饱和重度、浮重度和干重度各为多少？按计算结果，试分析比较各种情况下土的各种重度有何规律。

【解析】 参见《土力学》（第 2 版）18 页：土的三相组成的比例关系。

土中水的质量：$m_w = 129.1 - 121.5 = 7.6\text{g}$

则：(1)含水率：$w = \dfrac{m_w}{m_s} = \dfrac{7.6}{121.5} \times 100\% = 0.06255 \times 100\% = 6.255\%$

(2)天然重度：$\gamma = \dfrac{m}{V}g = \dfrac{129.1}{72} \times 10 = 17.93\text{kN/m}^3$

(3)土颗粒的体积：$V_s = \dfrac{m_s}{G_s\rho_w} = \dfrac{121.5}{2.7 \times 1.0} = 45\text{cm}^3$

孔隙体积：$V_v = V - V_s = 72 - 45 = 27\text{cm}^3$

饱和重度：$\gamma_{sat} = \dfrac{m_s + V_v\rho_w}{V}g = \dfrac{121.5 + 27 \times 1.0}{72} \times 10 = 20.625\text{kN/m}^3$

(4)干重度：$\gamma_d = \dfrac{m_s}{V}g = \dfrac{121.5}{72} \times 10 = 16.875\text{kN/m}^3$

(5)浮重度：$\gamma' = \gamma_{sat} - 10 = 10.625\text{kN/m}^3$

(6)$\gamma' < \gamma_d < \gamma < \gamma_{sat}$

1-2 饱和土孔隙比 $e = 0.70$，相对密度 $G_s = 2.72$，用三相草图计算该土的干重度 γ_d、饱和重度 γ_{sat} 和浮重度 γ'，并求饱和度为 75% 的重度和含水率（分别设 $V_s = 1$、$V = 1$ 和 $m = 1$ 进行计算，比较哪种方法更简便些）。

【解析】 参见《土力学》（第 2 版）18 页：土的三相组成的比例关系。

本题以 $V_s = 1$ 作为解答。饱和土，饱和度为 1。

(1)干重度：$\gamma_d = \frac{2.72}{1+0.7} \times 10 = 16\text{kN/m}^3$

(2)饱和重度：$\gamma_{sat} = \frac{m_s + V_v\rho_w}{V}g = \frac{2.72+0.7}{1+0.7} \times 10 = 20.12\text{kN/m}^3$

(3)当 $S_r = 0.75$ 时：$\gamma = \frac{2.72+0.7\times0.75}{1+0.7} \times 10 = 19.09\text{kN/m}^3$

$w = \frac{0.7\times0.75}{2.72} \times 100\% = 19.3\%$

1-3 用来修建土堤的土料料场，土的天然密度 $\rho = 1.92\text{g/cm}^3$，含水率 $w=20\%$，相对密度 $G_s = 2.70$。现要修建一压实干密度 $\rho_d = 1.70\text{g/cm}^3$，体积 80000m^3 的土堤，如果备料的裕量按 20% 考虑，求修建该土堤需要在料场开挖天然土的体积。

【解析】　参见《土力学》(第 2 版)18 页：土的三相组成的比例关系。

重要考点：填料前后土颗粒的质量保持不变。

(1)①压实前料场土料

$\rho_1 = \frac{2.7+2.7\times0.2}{1+e}$，$\rho_1 = 1.92$，求得

$e = 0.6875$

$\rho_{d1} = \frac{2.7}{1+0.6875} = 1.6\text{g/cm}^3$

②$\rho_{d1} = \frac{1.92}{1+0.2} = 1.6\text{g/cm}^3$

(2)压实后的土料

$\rho_{d2} = 1.7\text{g/cm}^3$，$V_2 = 80000\text{m}^3$

(3)填料前后土颗粒的质量保持不变

$V_1 = \frac{1.7\times80000}{1.6} = 85000\text{m}^3$

因为备料的裕量按 20% 考虑，即存在 20% 的安全储备，则 $V = 85000 \times 1.2 = 102000\text{m}^3$。

1-4 两种土的试验成果如表所示，下面四种判断哪些是正确的(假定两种土的活性指数相同)？

(1)甲土比乙土的黏粒含量多；

(2)甲土比乙土的天然重度大；

(3)甲土比乙土的干重度大；

(4)甲土比乙土的孔隙比大。

题 1-4 表

指　标 \ 土样编号	甲　土	乙　土
液限 w_L	40%	25%
塑限 w_P	25%	17%

续上表

土样编号 / 指　标	甲　土	乙　土
天然含水率 w	30%	22%
颗粒相对密度 G_s	2.7	2.68
饱和度 S_r	100%	100%

【解析】 参见《土力学》(第 2 版)18 页:土的三相组成的比例关系;25 页:黏性土的稠度。

(1)甲土:$I_P = 40 - 25 = 15$;乙土:$I_P = 25 - 17 = 8$。因此甲土 > 乙土,则(1)正确。

(2)完全饱和土:$S_r = 1.0, w = e$;甲土:$e = 2.7 \times 0.3 = 0.81$;乙土:$e = 2.68 \times 0.22 = 0.5986$。因此甲土 > 乙土,则(4)正确。

(3)甲土:$\rho = \dfrac{2.7 + 2.7 \times 0.3}{1 + 0.81} = 1.94$;乙土:$\rho = \dfrac{2.68 + 2.68 \times 0.22}{1 + 0.5896} = 2.06$。因此甲土 < 乙土,则(2)错误。

(4)甲土:$\rho_d = \dfrac{2.7}{1 + 0.81} = 1.49$;乙土:$\rho_d = \dfrac{2.68}{1 + 0.5896} = 1.69$。因此甲土 < 乙土,则(3)错误。

1-5 某土坝料场土的含水率 $w = 22\%$,$G_s = 2.70$,土的压实标准为 $\rho_d = 1.70\text{g/cm}^2$,为避免过度碾压而发生剪切破坏,压实土的饱和度 S_r 不宜超过 0.85,问此料场的土料是否适合筑坝？如果不适合,建议采用什么措施？

【解析】 参见《土力学》(第 2 版)18 页:土的三相组成的比例关系;41 页:填土的含水率和碾压标准的控制。

由 $\rho_d = \dfrac{2.7}{1 + e} = 1.70, e = 0.588$

得 $w_{op} = \dfrac{0.85 \times 0.588}{2.7} = 0.185$

即 $w_{op} = 18.5\%$

因为在设计土料时,要根据对填土提出的要求和当地土料的天然含水率,选定合适的含水率。一般要求选用的含水率在 $w_{op} = 18.5\% \pm 2\%$ 的偏差范围内。

而 $w = 22\% > w_{op} + 2\% = 20.5\%$,则需对料场的土料进行翻晒处理。

1-6 地震烈度为 8 度的地震区要求砂土压实到相对密度 $D_r = 0.7$ 以上,经测试某料场砂的最大干密度 $\rho_{dmax} = 1.96\text{g/cm}^3$,最小干密度 $\rho_{dmin} = 1.46\text{g/cm}^3$,问这种砂压到多大干密度才能满足抗震要求？(砂粒的相对密度 $G_s = 2.65$)

【解析】 参见《土力学》(第 2 版)24 页:粗粒土的密实度。

$$D_r = \frac{(\rho_d - \rho_{dmin})\rho_{dmax}}{(\rho_{dmax} - \rho_{dmin})\rho_d} \geqslant 0.7, D_r = \frac{(\rho_d - 1.46) \times 1.96}{(1.96 - 1.46)\rho_d} \geqslant 0.7$$

解得：$\rho_d \geqslant 1.78 \mathrm{g/cm^3}$

1-7 装在环刀内的饱和土样施加竖直压力后高度自2.0cm排水压缩到1.95cm，压缩后取出土样测得其含水率 $w=28.0\%$，已知土颗粒相对密度 $G_s=2.70$，求土样压缩前土的孔隙比。

【解析】 此题有两个重要知识点：一是，饱和土中水的质量等于空隙体积；二是，万能公式。

(1) $e_2 = 2.7 \times 0.28 = 0.756$

(2) 利用万能公式

$$\frac{1+e_1}{1+e_2} = \frac{2}{1.95}$$

代入数据得 $e_1 = 0.801$

1-8 从甲、乙两地黏性土中各取土样进行稠度试验，两土样的液限 $w_L=40\%$、塑限 $w_P=25\%$ 都相同。但甲地黏土的天然含水率 $w=45\%$，而乙地黏土的 $w_L=20\%$，问两地黏土的液性指数 I_L 各为多少？属何种状态？按照教材介绍的两种规范，该土的定名各是什么？哪一处更适用于天然地基？

【解析】 参见《土力学》(第2版)26页：黏性土的液性指数。

(1) 甲：$I_L = \dfrac{45-25}{15} = 1.33 > 1$，处于流塑状态；

(2) 乙：$I_L = \dfrac{20-25}{15} = -0.33 < 0$，处于坚硬状态；

(3) $17 > I_P = 15 > 10$，甲、乙均为粉质黏土，乙更适用于天然地基。

1-9 甲、乙两种土的细颗粒含量和液、塑限分别如表所示，求两种土的活动性指标；判断哪一种黏土的黏土矿物活动性高；估计可能属于哪一类黏土矿物。

题1-9表

指标 种类	<0.005	<0.002	w_L	w_P
甲土	67%	55%	53%	36%
乙土	33%	27%	70%	35%

【解析】 参见《土力学》(第2版)38页：细粒土的活性指数。

(1) 甲：$A = \dfrac{53-36}{55} = 0.31$；

(2) 乙：$A = \dfrac{70-35}{7} = 1.3$；

(3)活性指数:甲 < 乙。乙土的黏土矿物活动性高,依据《土力学》(第2版)表1-22黏土的活性,判定乙土可能属于伊利石,含少量的高岭石。

1-10 **甲、乙土样的粒径级配曲线如图所示,乙土 $I_p=8$,按两种规范确定它们的名称,并判断级配情况。**

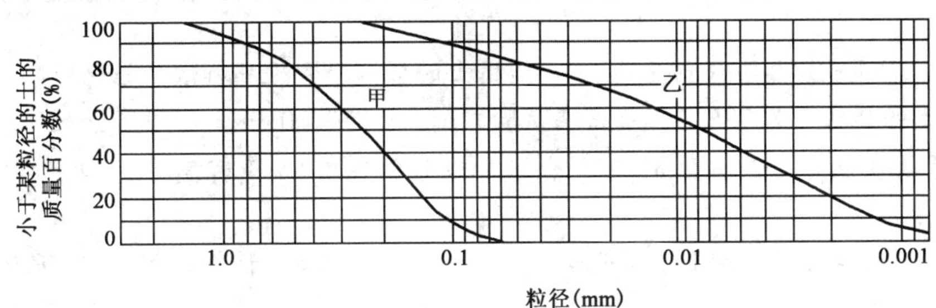

题1-10图　甲、乙土样的粒径级配曲线

【解析】　参见《土力学》(第2版)36页:《建筑地基基础设计规范》(GB 50007—2011)分类法。

(1)甲:

由 $d_{60}=0.3, d_{30}=0.17, d_{10}=0.12$

得 $C_u=\dfrac{0.3}{0.12}=2.5<5, C_c=\dfrac{0.17^2}{0.3\times0.12}=0.8<1$

则甲土级配不良。

粒径大于2mm的颗粒质量为0%,大于0.075mm颗粒质量占全重的98%,判定甲土为砂土;粒径大于0.5mm颗粒质量占全重的23% <50%,判定不属于粗砂;粒径大于0.25mm颗粒质量占全重的47% <50%,判定不属于中砂;粒径大于0.075mm颗粒质量占全重的98% >85%,判定为细砂。

(2)乙:

由 $d_{60}=0.014, d_{30}=0.003, d_{10}=0.0014$

得 $C_u=\dfrac{0.014}{0.0014}=10>5, C_c=\dfrac{0.003^2}{0.014\times0.0014}=0.46<1$

则乙土级配不良。

$I_p=8<10$,且粒径大于0.075mm的颗粒质量占全重的17%,小于50%,乙土属于粉土。

1-11 **某料场土的天然含水率15%,用三种击实能进行击实试验,结果如表所示(表中 * 为最大干密度)。要求填土的压实度为98%(标准击实试验),问用这一料场的土料筑坝需要采取什么施工措施?用不同的施工措施填筑后,土的性质预计有什么区别?**

击实试验结果(g/cm^3)　　　　题 1-11 表

击实能(kJ/m^3) \ 含水率(%)	13	15	17	18	19	21
562.5	1.580	1.660	1.720		1.745*	1.715
592.5(标准击实)	1.650	1.715	1.765	1.770*	1.765	1.720
862.5	1.705	1.765	1.800*		1.785	1.730

【解析】 参见《土力学》(第 2 版)41 页:填土的含水率和碾压标准的控制。

要求填土的压实度为 98%(标准击实试验),$\rho_d = 1.770 \times 0.98 = 1.7346 g/cm^3$

(1)对于击实能为 $562.5kJ/m^3$,可知含水率为 18% 左右时,干密度为 1.74,所以需要对土料进行加水。

(2)对于击实能为 $592.5kJ/m^3$,可知含水率为 16% 左右时,干密度为 1.74,所以采用击实能,满足工程要求。

(3)对于击实能 $862.5kJ/m^3$,可知含水率为 14% 左右时,干密度为 1.735,所以采用击实能,满足工程要求。

由于黏性填土存在最佳含水率,因此在填土施工时应将土料的含水率控制在最佳含水率左右,以期用最小的能量获得较高的密度。当含水率控制在最佳含水率干侧时,击实土的结构常具有絮凝结构的特征。这种土比较均匀,强度较高,较硬脆,不易压密,但是浸水时容易产生附加沉降。当含水率控制在最佳含水率的湿侧时,土具有分散结构的特征。这种土的可塑性较大,适应变形的能力强,但是强度较低,且具有较强的各向异性。所以,含水率比最佳含水率偏高或偏低,填土的性质各有优缺点,在设计土料时要根据对填土提出的要求和当地土料的天然含水率,选定合适的含水率。一般选用的含水率在 $w_{op} \pm 2\%$ 的偏差范围内。

1-12 **有一填海造地的滩地,表面水平,在密实的海底以上填砂 5m,地下水位与地面齐平。填砂的孔隙比 $e=0.9$,饱和重度 $\gamma_{sat} = 18.7kN/m^3$。地震使饱和砂土完全液化,震后松砂变密,孔隙比变为 $e=0.65$。试问震后地面下沉多少?砂土的饱和重度变成多少?**

【解析】 此题应用侧限压缩试验万能公式。

$\frac{1+e_1}{1+e_2} = \frac{H_1}{H_2}$,即$\frac{1+0.9}{1+0.65} = \frac{5}{H_2}$

解得 $H_2 = 4.34m$

$\Delta h = 5 - 4.34 = 0.66m$

$\gamma_{sat2} H_2 + \gamma_w \Delta h = \gamma_{sat1} H_1$

$4.34\gamma_{sat2} + 10 \times 0.66 = 18.7 \times 5$

解得:$\gamma_{sat2} = 20.02kN/m^3$

第 2 章　土的渗透性和渗流问题习题解析

2-1　如图所示，在某一均匀各向同性土层内发生了具有自由水面的平面稳定渗流。对图示的断面，试判别渗流的自由水面形状哪个是正确的，并说明理由。

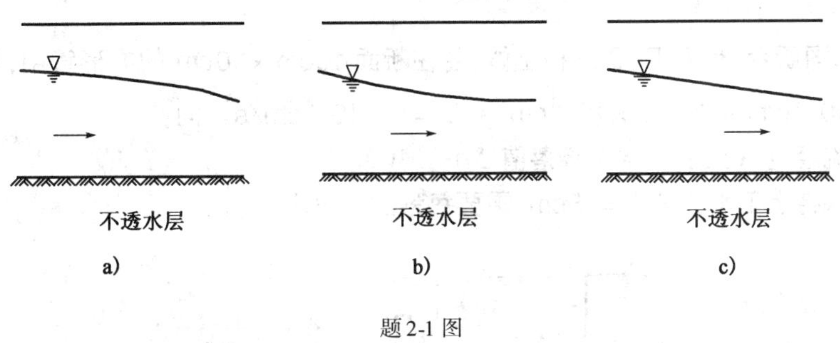

题 2-1 图

【解析】　参见《土力学》(第 2 版)51 页达西定律、55 页抽水试验条件。(1)稳定流；(2)裘布依假设。

解法一：

稳定流，流量 Q 保持不变。令土层的截面宽度 $B=1$，沿水流方向为 x，则

$A=h \cdot B=h$，流量 $Q=A \cdot v=h \cdot v$

依据达西定律：

$$v = kgi = kg\left(-\frac{\mathrm{d}h}{\mathrm{d}x}\right), Q = hgkg\left(-\frac{\mathrm{d}h}{\mathrm{d}x}\right)$$

$$Q\mathrm{d}x = -h \cdot k \cdot \mathrm{d}h$$

$$\int_{x_0}^{x} Q\mathrm{d}x = \int_{h_0}^{h} -kh\mathrm{d}h$$

$$Q(x-x_0) = \frac{1}{2}k(h_0^2 - h^2)$$

$$h = \sqrt{h_0^2 - \frac{2Q(x-x_0)}{k}}$$

利用数学知识，可知 h 随 x 单调递减，且为凸函数，因此图中 a)分图符合题意。

解法二：

可参照潜水层中的抽水试验的地下水位线进行判定见图。

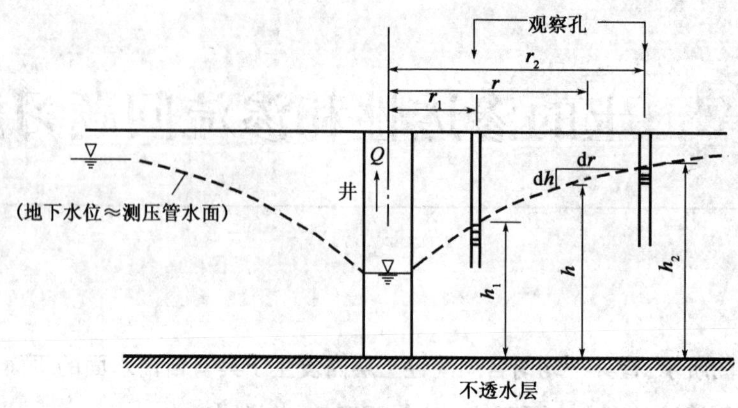

题解 2-1 图　潜水层中的抽水试验

2-2 如图所示，有 A、B、C 三种土体，装在断面 10cm×10cm 的方形管中，其渗透系数分别为 $k_A=1\times10^{-2}$cm/s，$k_B=3\times10^{-3}$cm/s，$k_C=5\times10^{-4}$cm/s。问：

(1) 求渗流经过 A 土后的水头降落值 Δh；

(2) 若要保持上下水头差 $h=35$cm，需要每秒加多少水？

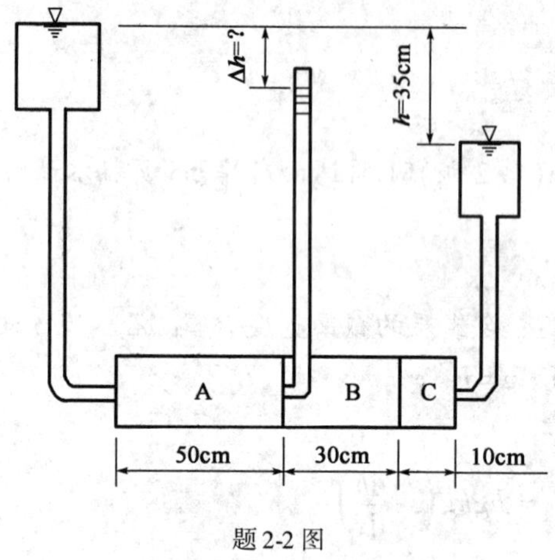

题 2-2 图

【解析】　参见《土力学》(第 2 版)58 页：层状地基的等效渗透系数中的竖直渗流情况。

(1) 依据渗流连续性原理：

$$k_A i_A A = k_B i_B A = k_C i_C A$$

$$k_A \frac{\Delta h_A}{L_A} = k_B \frac{\Delta h_B}{L_B} = k_C \frac{\Delta h_C}{L_C}$$

$$1\times10^{-2}\times\frac{\Delta h_A}{50}=3\times10^{-3}\times\frac{\Delta h_B}{30}=5\times10^{-4}\times\frac{\Delta h_C}{10}$$

$$2\Delta h_A = \Delta h_B = \frac{1}{2}\Delta h_C$$

又因为 $\Delta h = \Delta h_A + \Delta h_B + \Delta h_C, \Delta h = 35\text{cm}$

则 $\Delta h_A = 5\text{cm}$，即渗流经过 A 土后的水头降落值为 5cm。

(2) $\Delta h = 35\text{cm}$ 为恒定值，即 Q 保持不变

$$Q = vA = k_A i_A A = k_B i_B A = k_C i_C A$$

$$Q = 1 \times 10^{-2} \times \frac{5}{50} \times 10 \times 10 = 0.1\text{cm}^3/\text{s}$$

2-3　一种黏性土的相对密度 $G_s = 2.70$，孔隙比 $e = 0.58$，试求该土发生流土的临界水力坡降。

【解析】　参见《土力学》(第 2 版)72 页：临界水力坡降。

$$i_{cr} = \frac{G_s - 1}{1 + e} = \frac{2.7 - 1}{1 + 0.58} = 1.076$$

2-4　如图所示的试验中：

(1) 已知土样两端水头差 $h = 20\text{cm}$，土样长度 $L = 30\text{cm}$，试求土样单位体积所受到的渗透力 j。

(2) 若已知土样的 $G_s = 2.72, e = 0.63$，问该土样是否会发生流土现象？

(3) 求出使该土样发生流土时的水头差 h 值。

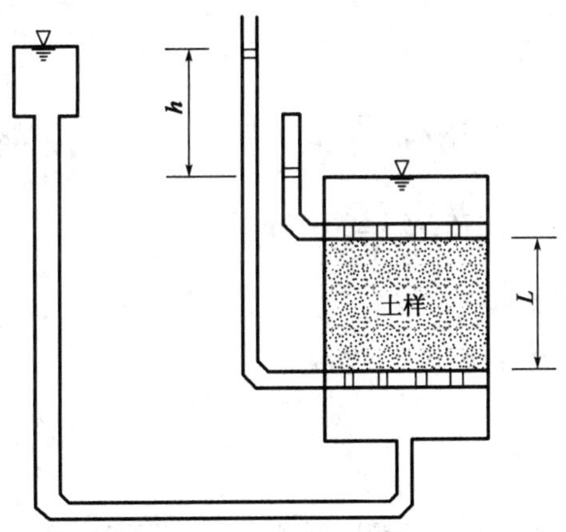

题 2-4 图

【解析】　参见《土力学》(第 2 版)68 页：渗透力的概念。

(1) $j = \gamma_w i = 10 \times \dfrac{20}{30} = 6.7\text{kN/m}^3$

(2) $i_{cr} = \dfrac{G_s - 1}{1 + e} = \dfrac{2.72 - 1}{1 + 0.63} = 1.06 > i = \dfrac{20}{30} = 0.67$

因此，该土样不会发生流土现象。

(3)若土样发生流土破坏，则 $i_{cr}=i=1.06$

$\Delta h=1.06\times30=31.8\text{cm}$

2-5 如图所示的基坑，其底面积为 20m×10m，粉质黏土层 $k=1.5\times10^{-6}\text{cm/s}$，如果忽略基坑周边水的渗流，假定基坑底部土体发生一维渗流：

(1)如果基坑内的水深保持 2m，求土层中 A、B、C 三点的测压管水头和渗透力；

(2)试求当保持基坑中水深为 1m 时，所需要的排水量 Q。

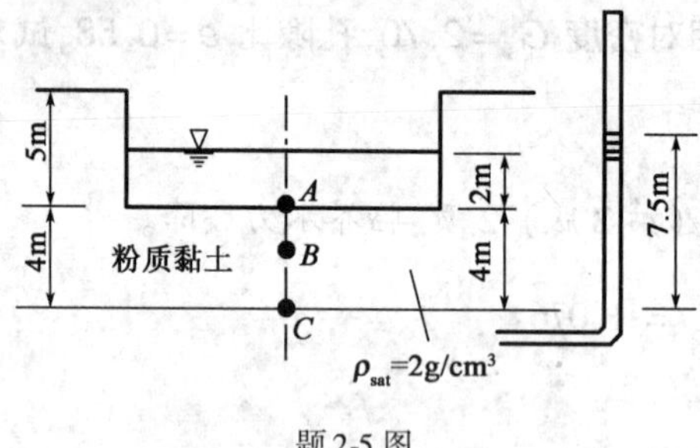

题 2-5 图

【解析】 参见《土力学》(第 2 版)47 页：渗流中的总水头与水力坡降；52 页：达西定律的适用范围。

(1)以 C 点所在的水平面为 0 基准线

$H_C=0+7.5=7.5\text{m}, H_A=4+2=6\text{m}$

$$i=\frac{\Delta h}{L}=\frac{7.5-6}{4}=0.375$$

$$j=\gamma_w i=10\times0.375=3.75\text{kN/m}^3$$

$$\frac{H_C-H_B}{L_{CB}}=i, \frac{7.5-H_B}{2}=0.375, H_B=6.75\text{m}$$

(2)当基坑中水深为 1m 时

$H_C=0+7.5=7.5\text{m}, H_A=4+1=5\text{m}$

$$i=\frac{\Delta h}{L}=\frac{7.5-5}{4}=0.625$$

$$Q=kiA=1.5\times10^{-6}\times0.625\times2000\times1000=1.875\text{cm}^3/\text{s}$$

2-6 如图所示，在两个不透水土层之间有一厚度为 H_a 的砂土层，砂层内含有承压水。为了测定砂土层的渗透系数 k，进行了现场抽水试验，当抽水量为 Q 且土层中渗流达到稳定状态时，分别在距离抽水井 r_1 和 r_2 的观测孔内测得水位高度 h_1 和 h_2，且抽水井中的水位仍高于砂土层顶面，亦即有 $h_0\geqslant H_a$。证明：砂土层渗透系数的计算公式为 $k=\dfrac{2.3Q}{2\pi H_a(h_2-h_1)}\lg\dfrac{r_2}{r_1}$。

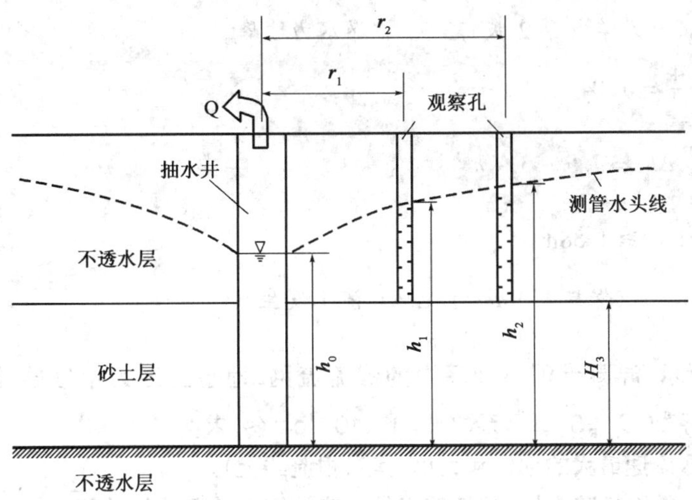

题 2-6 图

【解析】 参见《土力学》(第 2 版)55 页:渗透系数的现场测定法。

现围绕井中心轴线取一过水圆柱断面,该断面距井中心轴线的距离为 r,水面高度为 h,则该圆柱断面的过水断面面积为 $A=2\pi rH_a$,水力坡降 $i=\dfrac{dh}{dr}$。

$$Q=k\cdot\frac{dh}{dr}\cdot 2\pi rH_a$$

$$Q\frac{dr}{r}=2\pi k\cdot H_a\cdot dh$$

$$Q\int_{r_1}^{r_2}\frac{dr}{r}=2\pi k\cdot H_a\int_{h_1}^{h_2}dh\Rightarrow k=\frac{Q\ln\left(\frac{r_2}{r_1}\right)}{2\pi\cdot H_a(h_2-h_1)}$$

$$k=\frac{2.3Q}{2\pi H_a(h_2-h_1)}\lg\frac{r_2}{r_1}$$

2-7 如图所示,在 9m 厚的黏土沉积层中进行开挖,下面为砂土层。砂层顶面具有 7.5m 高的承压水头。试计算当开挖深度为 6m 时,基坑中水深 h 至少保持多深,才能防止发生流土现象。

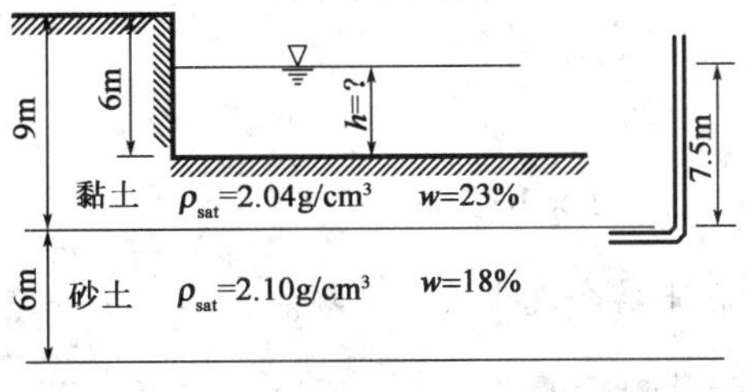

题 2-7 图

【解析】　参见《土力学》(第2版)72页:临界水力坡降。

$$i_{cr}=\frac{\gamma'}{\gamma_w}=\frac{10.4}{10}=1.04$$

$$i\leqslant i_{cr},i=\frac{\Delta h}{L},\Delta h=7.5-3-h$$

$$\frac{4.5-h}{3}\leqslant 1.04,h\geqslant 1.38\text{m}$$

即基坑中水深 h 至少保持1.38m,才能防止流土发生。

2-8 **如图所示,混凝土坝下地基中的渗流流网,地基土层为中砂层,饱和密度 $\rho_{sat}=2.0\text{g/cm}^3$,不均匀系数 $C_u=5$,渗透系数 $k=1\times10^{-3}\text{cm/s}$,求:**

(1)地基中渗透流速最大的部位和大小(第二根流线上)。

(2)判断地基土的渗透稳定性(渗透路径的长度按网格的平均值计算)。

(3)估计单宽的渗透流量(单宽指沿坝轴线上每米长)。

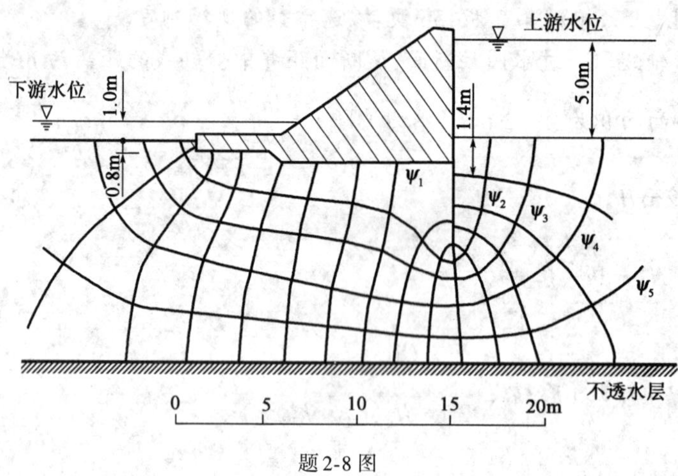

题2-8图

【解析】　参见《土力学》(第2版)63页:流网的绘制及应用。

(1)$v=ki=k\dfrac{\Delta h}{L}$,其中 k、Δh 为常数,所以 L 越小,v 越大,第二根流线上,即流速最大的部位位于等势线最密集的部位,发生在截水帷幕下端处。

根据比例尺,12mm代表实际距离5m,通过测量,图上 L 最小为2mm,则 $L_{min}=0.83\text{m}$。

$$\Delta h=\frac{4}{15}=0.267$$

$$v_{max}=1\times10^{-3}\times\frac{0.267}{0.83}=3.22\times10^{-4}\text{cm/s}$$

(2)$C_u=5$,为非管涌土,在下游会发生流土破坏。

$i_{cr}=\dfrac{\gamma'}{\gamma_w}=\dfrac{10}{10}=1.0$,由尺子量测及根据比例尺可知,下游 $L_{平均}=2.5\text{m}$。

则 $i=\frac{\Delta h}{L_{平均}}=\frac{0.267}{2.5}=0.11<i_{cr}$，即地基土不会发生流土破坏。

(3) $q=\sum\Delta q=M\Delta q=Mk\Delta h=5\times1\times10^{-3}\times0.267\times100=0.1335\text{cm}^2/\text{s}$

2-9 已知混凝土地下连续墙支护下开挖基坑的流网如图所示，砂土的渗透系数 $k=1.8\times10^{-2}\text{cm/s}$，其饱和重度 $\gamma_{sat}=18.5\text{kN/m}^3$。

(1)试估算沿地下连续墙渗入基坑的单宽流量(单宽指沿板桩轴线每米长)。

(2)判断在哪个部位最有可能发生流土渗透破坏？具体判断是否会发生？计算有多大的安全系数？

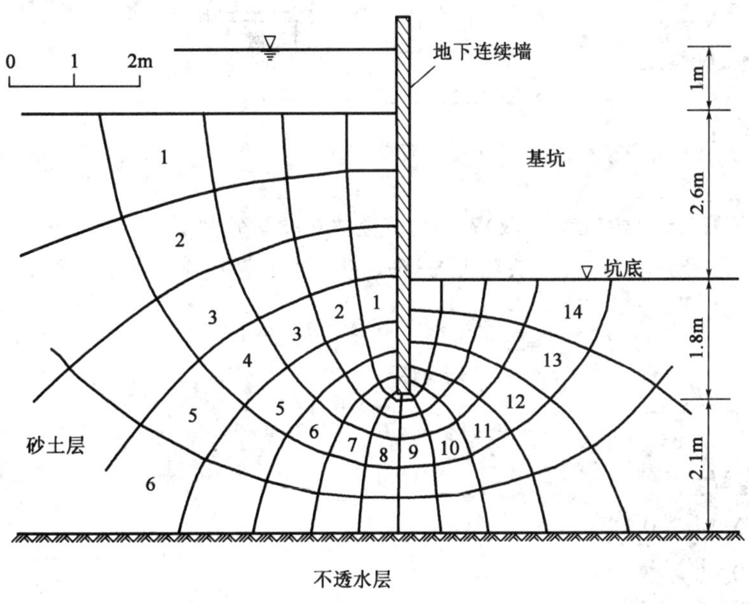

题 2-9 图

【解析】 参见《土力学》(第 2 版)63 页：流网的绘制及应用。

(1) $\Delta h=\frac{3.6}{14}=0.257$

$q=\sum\Delta q=M\Delta q=Mk\Delta h=6\times1.8\times10^{-2}\times0.257\times100=2.78\text{cm}^2/\text{s}$

(2)最有可能发生流土破坏的是坑底左侧靠近地下连续墙处。

$i_{cr}=\frac{\gamma'}{\gamma_w}=\frac{8.5}{10}=0.85$

由题目所给比例尺，测得 $L=0.67\text{m}$。

$i=\frac{\Delta h}{L}=\frac{0.257}{0.67}=0.38<i_{cr}$，不会发生流土破坏。

安全系数：$F_s=\frac{i_{cr}}{i}=\frac{0.85}{0.38}=2.24$

2-10 如图所示的双层土渗透试验，已知：黏土的渗透系数 $k=1.5\times10^{-6}\text{cm/s}$，砂土的渗

透系数 $k=1.0\times10^{-2}$cm/s，黏土和砂土的饱和重度均为 $\gamma_{sat}=20.0$kN/m^3，$L=40$cm。试讨论可能发生流土的位置，并计算发生流土时的水头差 Δh。

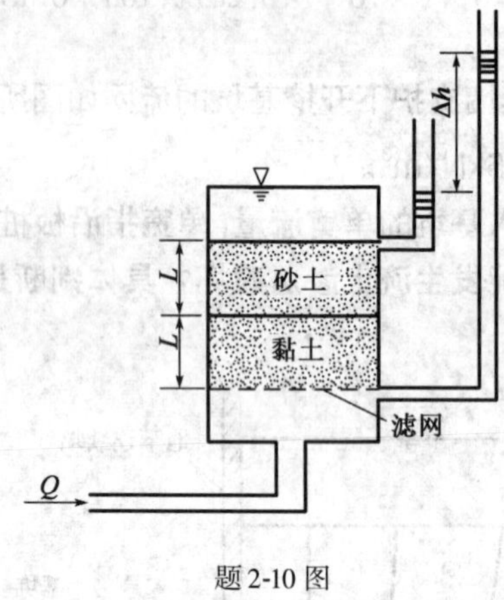

题2-10图

【解析】　参见《土力学》(第2版)74页：渗透破坏类型的判别。

设黏土层的渗透系数为 k_1，水头损失为 Δh_1；砂土层的渗透系数为 k_2，水头损失为 Δh_2，则根据渗流连续性原理

$$k_1 i_1 = k_2 i_2$$

$$k_1\frac{\Delta h_1}{L} = k_2\frac{\Delta h_2}{L}$$

$$k_1\Delta h_1 = k_2\Delta h_2$$

$$1.5\times10^{-6}\Delta h_1 = 1.0\times10^{-2}\Delta h_2$$

$$\frac{\Delta h_1}{\Delta h_2}=\frac{20000}{3}$$

又因为

$$\Delta h = \Delta h_1 + \Delta h_2$$

两式联立：

$$\Delta h_1 = \frac{20000}{20003}\Delta h$$

$$\Delta h_2 = \frac{3}{20003}\Delta h$$

即水头损失主要发生在黏土层中。

流土：在向上的渗透水流作用下，表层土局部范围内的土体或颗粒群同时发生悬浮、移动的现象。任何类型的土，只要水力坡降达到一定的要求，都会发生流土破坏。

第一种情况：流土发生在黏土层的底端，取隔离体进行受力分析：

$$\gamma' L + \gamma' L = \gamma_w i_1 L + \gamma_w i_2 L$$

$$i_1 + i_2 = 2$$

$$\Delta h_1 + \Delta h_2 = 80\text{cm}$$

验证此时黏土层与砂土层的交界处是否发生流土破坏：

$$\Delta h_2 = \frac{3}{20003}\Delta h$$

$$i_2 = \frac{\Delta h_2}{L} = \frac{\frac{3}{20003} \times 2L}{L} = \frac{6}{20003} < i_{cr} = 1$$

即砂土层此时没有发生流土。

第二种情况：流土发生在黏土层与砂土层的交界处，取隔离体进行受力分析：

$$i_{cr} = 1$$

$$\frac{\Delta h_2}{L} = 1 \Rightarrow \Delta h_2 = 40\text{cm}$$

$$\frac{\Delta h_1}{\Delta h_2} = \frac{20000}{3} \Rightarrow \Delta h_1 = \frac{20000}{3} \times 40$$

则 $\Delta h_1 + \Delta h_2 > 80\text{cm}$。

即此时黏土层底端已发生了流土。

第 3 章　土体中的应力计算习题解析

3-1 如图给出的资料，计算并绘制地基中的有效自重应力沿深度的分布曲线。如地下水因某种原因骤然下降至高程∇35.0 以下，问此地基中的有效自重应力分布有何变化，并用图表示（提示：地下水骤然下降时，细砂层成为非饱和状态，其密度 $\rho=1.82\mathrm{g/cm^3}$，黏土和粉质黏土因渗透系数小，排水量不多，可认为饱和密度不变）。

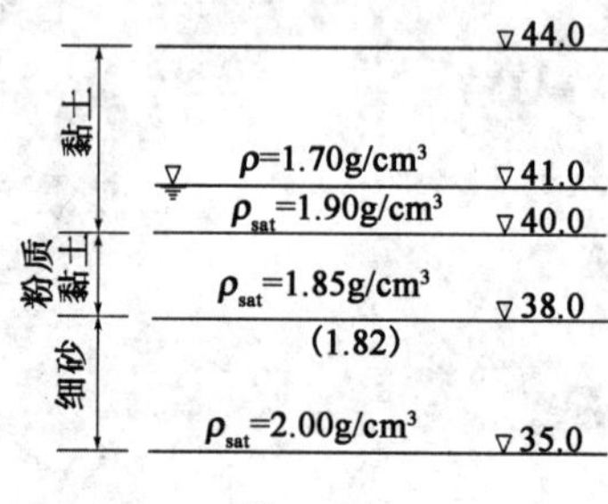

题 3-1 图

【解析】　参见《土力学》（第 2 版）85 页：有效应力原理。

（1）降水之前的应力计算见表。

题解 3-1 表 1

计算点高程（m）	计算点深度 z（m）	总自重应力 σ_z（kPa）	孔隙水压力 u（kPa）	有效自重应力 σ'_z（kPa）
44.0	0.0	0	0	0
41.0	3.0	17×3=51	0	51
40.0	4.0	51+19×1=70	10	60
38.0	6.0	70+18.5×2=107	30	77
35.0	9.0	107+20×3=167	60	107

（2）降水之后，$t=0$ 时的应力计算见表。

题解 3-1 表 2

计算点高程（m）	计算点深度 z（m）	总自重应力 σ_z（kPa）	孔隙水压力 u（kPa）	有效自重应力 σ'_z（kPa）
44.0	0.0	0	0	0
41.0	3.0	17×3=51	0	51

续上表

计算点高程(m)	计算点深度 z(m)	总自重应力 σ_z(kPa)	孔隙水压力 u(kPa)	有效自重应力 σ_z'(kPa)
40.0	4.0	51 + 19 × 1 = 70	10	60
38.0(上)	6.0	70 + 18.5 × 2 = 107	30	77
38.0(下)	6.0	70 + 18.5 × 2 = 107	0	107
35.0	9.0	107 + 18.2 × 3 = 161.6	0	161.6

(3)降水之后,$t=\infty$ 时的应力计算见表。

题解 3-1 表 3

计算点高程(m)	计算点深度 z(m)	总自重应力 σ_z(kPa)	孔隙水压力 u(kPa)	有效自重应力 σ_z'(kPa)
44.0	0.0	0	0	0
41.0	3.0	17 × 3 = 51	0	51
40.0	4.0	51 + 19 × 1 = 70	0	70
38.0	6.0	70 + 18.5 × 2 = 107	0	107
35.0	9.0	107 + 18.2 × 3 = 161.6	0	161.6

3-2 一条形基础的尺寸及荷载如图所示,求基础中线下 20m 深度内的竖向附加应力分布,并按一定比例绘出该应力的分布图(水平荷载可假定均匀分布在基础的底面上)。

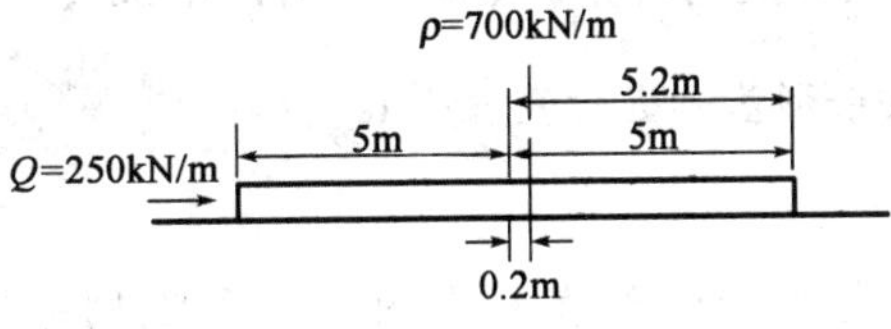

题 3-2 图

【解析】 参见《土力学》(第2版)108页:条形面积上各种分布荷载作用下的附加应力计算。

(1)计算基底附加压力。

$e_0=0.2<\dfrac{1}{6}b=\dfrac{1}{6}\times 10=1.67$,即基底附加压力按梯形分布。

$$p_{max}=\frac{700}{10}\times\left(1+\frac{6\times 0.2}{10}\right)=78.4\text{kPa}$$

$$p_{min}=\frac{700}{10}\times\left(1-\frac{6\times 0.2}{10}\right)=61.6\text{kPa}$$

利用叠加原理,基底附加压力 $p=0.5\times(78.4+61.6)=70\text{kPa}$

(2)参见《建筑地基基础设计规范》(GB 50007—2011)附录K。

$z=20\text{m}, b=5\text{m}$,则 $n=\dfrac{z}{b}=4, m=\dfrac{l}{b}=10$,查表 $\alpha=0.076$。

则 $\sigma_z=4\alpha p=4\times 0.076\times 70=21.28\text{kPa}$

3-3 **选择一种最简便的方法计算如图所示两种情况的荷载作用下 O 点下附加应力。**

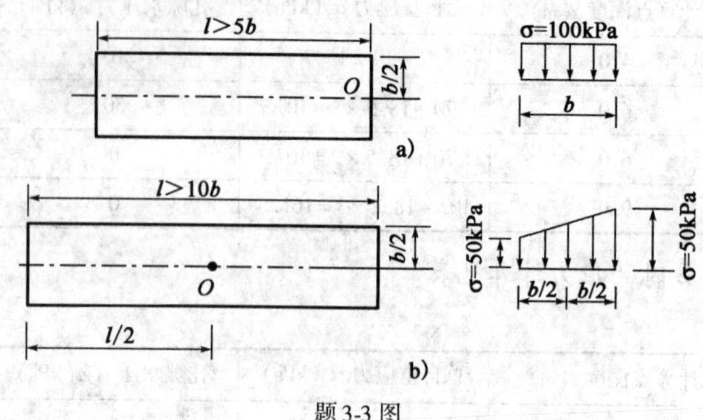

题 3-3 图

【解析】 参见《土力学》(第 2 版)108 页:条形面积上各种分布荷载作用下的附加应力计算。知识点:当一定宽度的无限长条形面积承受荷载,而且荷载在各个截面上的分布都相同时,土中的应力状态为平面应变状态,这时垂直于长度方向的任一截面内的附加应力的大小及分布规律是相同的,而与所取截面的位置无关。当截面两侧荷载面积的延伸长度均大于或等于 5b 时,该截面内的应力分布与 $l/b=\infty$ 时土中应力相差甚少,因此可以用 $m=l/b=10$,查得角点的 K_s,乘以 2.0 作为条形面积上边点的附加应力数值。像墙基、路基、挡土墙及堤坝等条形基础,均可按平面问题计算地基中的附加应力。

(1)参见《建筑地基基础设计规范》(GB 50007—2011)附录 K。

则 $n=\dfrac{2z}{b}, m=\dfrac{2l}{b}\geqslant 10$,按条形基础进行查表得 α

则 $\sigma_z=2\alpha p=200\alpha\text{kPa}$

(2)参见《建筑地基基础设计规范》附录 K,利用叠加原理,则基底附加压力

$$\bar{p}=0.5\times(p_{\max}+p_{\min})=0.5\times(50+150)=100\text{kPa}$$

$$n=\frac{2z}{b}, m=\frac{\frac{l}{2}}{\frac{b}{2}}\geqslant 10,\text{按条形基础进行查表得 }\alpha。$$

则 $\sigma_z=4\alpha\bar{p}=400\alpha\text{kPa}$

3-4 **有相邻两荷载面积 A 和 B,相对位置及所受荷载如图所示,若考虑相邻荷载 B 的影响,求出荷载 A 中心点以下深度 $z=2\text{m}$ 处的竖直向附加应力。**

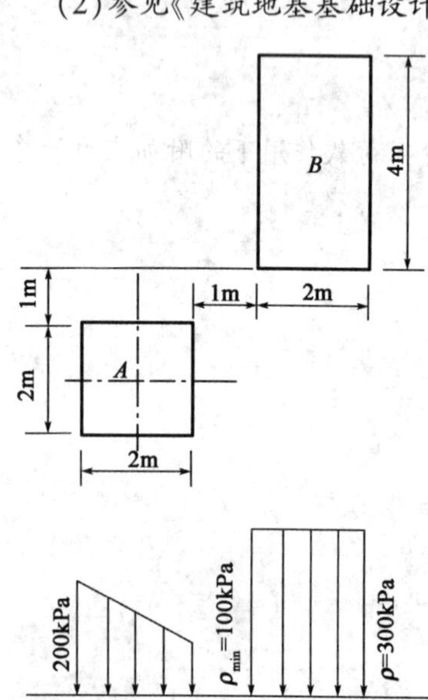

题 3-4 图

【解析】 参见《土力学》(第 2 版)101 页:矩形面积上各种分布荷载作用下的附加应力计算。

(1)荷载 A 自身的影响,基底附加压力按梯形分布,计算基底附加压力:

$p_{max}=200\text{kPa},p_{min}=100\text{kPa}$

利用叠加原理，基底附加压力 $\bar{p}=\frac{1}{2}\times(200+100)=150\text{kPa}$

参见《建筑地基基础设计规范》附录K：

$z=2\text{m},b=1\text{m}$，则 $n=\frac{z}{b}=2,m=\frac{l}{b}=1$，查表得 $\alpha=0.084$。

则 $\sigma_{z1}=4\alpha p=4\times0.084\times150=50.4\text{kPa}$

(2)荷载 B 的影响，基底附加压力按矩形分布，计算基底附加压力：

①矩形Ⅰ

$z=2\text{m},b=4\text{m},l=6\text{m},n=\frac{z}{b}=0.5,m=\frac{l}{b}=1.5$，参见《建筑地基基础设计规范》附录K。

利用两次内插

当 $n_1=0.4,m_1=1.5,\alpha_1=0.243,n_2=0.6,m_1=1.5,\alpha_2=0.231$，

则 $n=0.5,m=1.5,\alpha_{\text{I}}=\frac{1}{2}(0.243+0.231)=0.237$

②矩形Ⅱ

$z=2\text{m},b=2\text{m},l=6\text{m},n=\frac{z}{b}=1,m=\frac{l}{b}=3$，参见《建筑地基基础设计规范》附录K，查表得 $\alpha_{\text{II}}=0.203$

③矩形Ⅲ

$z=2\text{m},b=2\text{m},l=4\text{m},n=\frac{z}{b}=1,m=\frac{l}{b}=2$，参见《建筑地基基础设计规范》附录K，查表得 $\alpha_{\text{III}}=0.2$。

④矩形Ⅳ

$z=2\text{m},b=2\text{m},l=2\text{m},n=\frac{z}{b}=1,m=\frac{l}{b}=1$，参见《建筑地基基础规范》附录K，查表得 $\alpha_{\text{IV}}=0.175$

利用叠加原理：

$\sigma_{z2}=(\alpha_{\text{I}}-\alpha_{\text{II}}-\alpha_{\text{III}}+\alpha_{\text{IV}})p=(0.237-0.203-0.2+0.175)\times300=2.7\text{kPa}$

(3)A 中心点以下深度 $z=2\text{m}$ 处的竖向附加应力：

$\sigma=\sigma_{z1}+\sigma_{z2}=50.4+2.7=53.1\text{kPa}$

3-5 土堤的截面如图所示，堤身土料重度 $\gamma=18\text{kN/m}^3$，试按一般三角形荷载叠加应力计算方法和教材中图3-38的计算土堤轴线上黏土层 A、B、C 三点的竖向附加应力 σ_z。

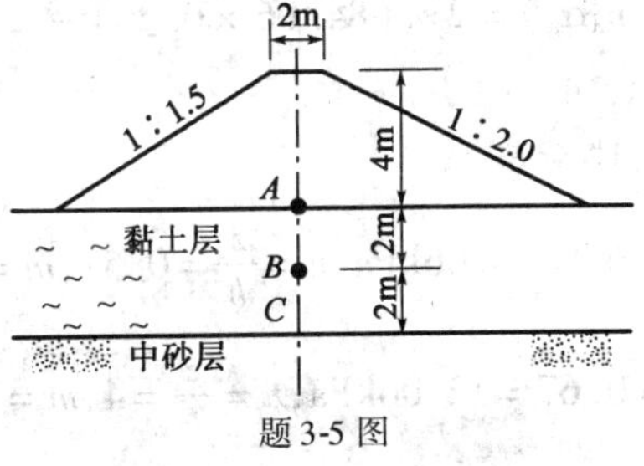

题3-5图

【解析】 参见《土力学》(第2版)105页:矩形面积竖直三角形荷载。

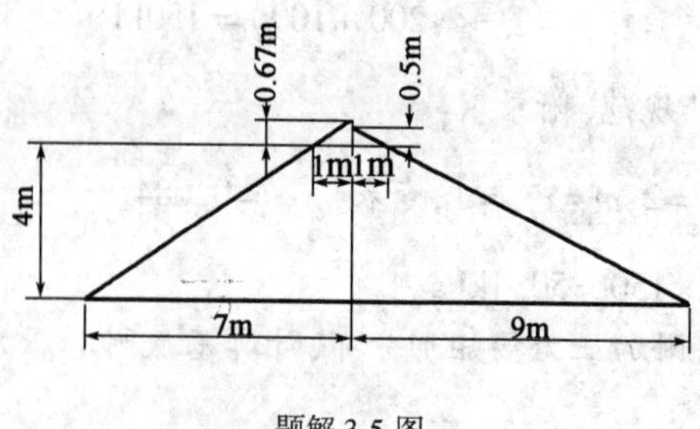

题解3-5图

(1)一般三角形荷载叠加应力计算方法,参见《建筑地基基础设计规范》附录K。

①A点,$z=0$,对于中线左边荷载:

大三角形 $b=7, p_1=18\times4.67=84.06\text{kPa}, n=\frac{z}{b}=0, m=\frac{l}{b}=10, \alpha_1=0.25$;

小三角形 $b=1.0, p_2=18\times0.67=12.06\text{kPa}, n=\frac{z}{b}=0, m=\frac{l}{b}=10, \alpha_2=0.25$。

对于中线右边荷载:

大三角形 $b=9, p_3=18\times4.5=81\text{kPa}, n=\frac{z}{b}=0, m=\frac{l}{b}=10, \alpha_3=0.25$;

小三角形 $b=1.0, p_4=18\times0.5=9\text{kPa}, n=\frac{z}{b}=0, m=\frac{l}{b}=10, \alpha_4=0.25$。

$$\sigma_z=2(p_1\alpha_1-p_2\alpha_2+p_3\alpha_3-p_4\alpha_4)=2\times(84.06\times0.25-12.06\times0.25+81\times0.25-9\times0.25)=72\text{kPa}$$

②B点,$z=2\text{m}$,对于中线左边荷载:

大三角形 $b=7, p_1=18\times4.67=84.06\text{kPa}, n=\frac{z}{b}=0.29, m=\frac{l}{b}=10, \alpha_1=0.204$;

小三角形 $b=1.0, p_2=18\times0.67=12.06\text{kPa}, n=\frac{z}{b}=2, m=\frac{l}{b}=10, \alpha_2=0.0738$。

对于中线右边荷载:

大三角形 $b=9, p_3=18\times4.5=81\text{kPa}, n=\frac{z}{b}=0.22, m=\frac{l}{b}=10, \alpha_3=0.216$;

小三角形 $b=1.0, p_4=18\times0.5=9\text{kPa}, n=\frac{z}{b}=2, m=\frac{l}{b}=10, \alpha_4=0.0738$。

$$\sigma_z=2(p_1\alpha_1-p_2\alpha_2+p_3\alpha_3-p_4\alpha_4)=2\times(84.06\times0.204-12.06\times0.0738+81\times0.216-9\times0.0738)=66.18\text{kPa}$$

③B点,$z=4\text{m}$,对于中线左边荷载:

大三角形 $b=7, p_1=18\times4.67=84.06\text{kPa}, n=\frac{z}{b}=0.57, m=\frac{l}{b}=10, \alpha_1=0.1678$;

小三角形 $b=1.0, p_2=18\times0.67=12.06\text{kPa}, n=\frac{z}{b}=4, m=\frac{l}{b}=10, \alpha_2=0.041$。

对于中线右边荷载：

大三角形 $b=9, p_3=18\times4.5=81\text{kPa}, n=\dfrac{z}{b}=0.44, m=\dfrac{l}{b}=10, \alpha_3=0.1843$；

小三角形 $b=1.0, p_4=18\times0.5=9\text{kPa}, n=\dfrac{z}{b}=4, m=\dfrac{l}{b}=10, \alpha_4=0.041$。

$\sigma_z=2(p_1\alpha_1-p_2\alpha_2+p_3\alpha_3-p_4\alpha_4)=2\times(84.06\times0.1678-12.06\times0.041+81\times0.1843-9\times0.041)=56.34\text{kPa}$

(2)按照教材中的图3-38的计算方法进行计算

①A点，$z=0, \sigma_z=(K_{z1}^l+K_{z2}^l)p, p=18\times4=72\text{kPa}$

$a_1=6\text{m}, b_1=1\text{m}, a_2=8\text{m}, b_2=1\text{m}$，查图3-38

$\dfrac{a_1}{z}=\infty, \dfrac{b_1}{z}=\infty, K_{z1}^l=0.5$

$\dfrac{a_2}{z}=\infty, \dfrac{b_2}{z}=\infty, K_{z2}^1=0.5$

$\sigma_z=(0.5+0.5)\times72=72\text{kPa}$

②B点，$z=2, \sigma_z=(K_{z1}^l+K_{z2}^l)p, p=18\times4=72\text{kPa}$

$a_1=6\text{m}, b_1=1\text{m}, a_2=8\text{m}, b_2=1\text{m}$，查图3-38

$\dfrac{a_1}{z}=3, \dfrac{b_1}{z}=0.5, K_{z1}^l=0.45$

$\dfrac{a_2}{z}=4, \dfrac{b_2}{z}=0.5, K_{z2}^1=0.47$

$\sigma_z=(0.45+0.47)\times72=66.24\text{kPa}$

③C点，$z=4, \sigma_z=(K_{z1}^l+K_{z2}^l)p, p=18\times4=72\text{kPa}$

$a_1=6\text{m}, b_1=1\text{m}, a_2=8\text{m}, b_2=1\text{m}$，查图3-38

$\dfrac{a_1}{z}=1.5, \dfrac{b_1}{z}=0.25, K_{z1}^1=0.37$

$\dfrac{a_2}{z}=2, \dfrac{b_2}{z}=0.25, K_{z2}^1=0.39$

$\sigma_z=(0.37+0.39)\times72=54.72\text{kPa}$

3-6 一黏土层厚4m，位于各厚4m的两层砂之间。水位在地面以下2m，下层砂土含承压水，测压管水面如图所示，已知黏土的饱和密度为$\rho=2.04\text{g/cm}^3$，砂土的饱和密度为$\rho=1.94\text{g/cm}^3$，水位以上的砂土密度是$\rho=1.68\text{g/cm}^3$，求

(1)不考虑毛细管升高，绘出整个土层的有效竖直自重应力分布。

(2)若毛细管升高1.5m，绘出整个土层的有效竖直自重应力分布。

【解析】 参见《土力学》(第2版)85页：有效应力原理。

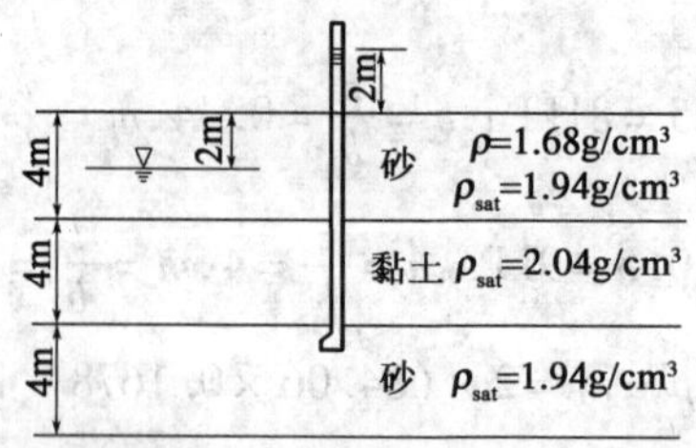

题 3-6 图

(1)不考虑毛细管升高,以第三层砂土底端为零基准面。

题解 3-6 表 1

计算点高程(m)	计算点深度 z(m)	总自重应力 σ_z(kPa)	孔隙水压力 u(kPa)	有效自重应力 σ'_z(kPa)
12.0	0.0	0	0	0
10.0	2.0	16.8×2=33.6	0	33.6
8.0	4.0	33.6+19.4×2=72.4	20	52.4
4.0	8.0	72.4+20.4×4=154	100	54
0.0	12.0	154+19.4×4=231.6	140	91.6

(2)若毛细管升高1.5m,以第三层砂土底端为零基准面。

题解 3-6 表 2

计算点高程(m)	计算点深度 z(m)	总自重应力 σ_z(kPa)	孔隙水压力 u(kPa)	有效自重应力 σ'_z(kPa)
12.0	0	0	0	0
11.5	0.5	16.8×0.5=8.4	-15	23.4
10.0	2.0	8.4+19.4×1.5=37.5	0	37.5
8.0	4.0	37.5+19.4×2=76.3	20	56.3
4.0	8.0	76.3+20.4×4=157.9	100	57.9
0.0	12.0	157.9+19.4×4=235.5	140	95.5

3-7 地面以上有静水的黏土层下为含承压水的砂土层,承压水头如图所示,黏土的饱和密度2.0g/cm³,计算黏土层中上、中、下三点的有效自重应力。

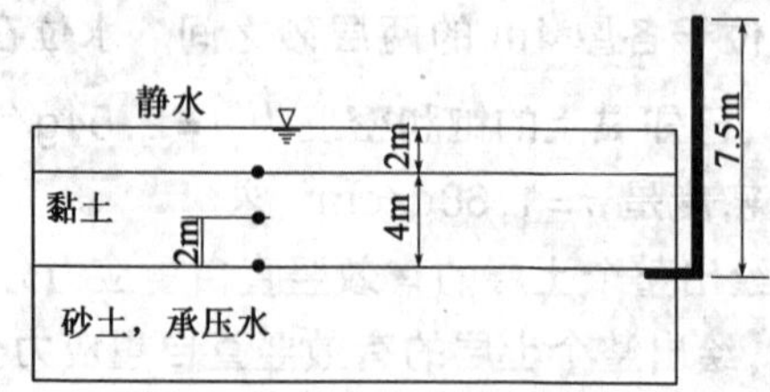

题 3-7 图

【解析】 参见《土力学》(第2版)85页:有效应力原理。

上、中、下三点应力计算见表。

题解3-7表

计算点	计算点深度 z(m)	总自重应力 σ_z(kPa)	孔隙水压力 u(kPa)	有效自重应力 σ'_z(kPa)
上	2.0	$10\times2=20$	$10\times2=20$	0
中	4.0	$10\times2+20\times2=60$	$\frac{20+75}{2}=47.5$	12.5
下	6.0	$10\times2+20\times4=100$	$7.5\times10=75$	25

第4章　土的变形特性和地基沉降计算习题解析

4-1　侧限压缩试验试件初始厚度为2.0cm，当垂直压力由200kPa增加到300kPa，变形稳定后土样厚度由1.990cm变为1.970cm，试验结束后卸去全部荷载，厚度变为1.980cm（试验全过程都处于饱和状态），取出土样测得土样含水率 $w=27.8\%$，土粒相对密度为2.7，计算土样的初始孔隙比以及200kPa和300kPa之间的压缩系数 a_{2-3}。

【解析】　参见《土力学》（第2版）127页：侧限压缩试验。

土样厚度为1.980cm时其孔隙比

$$e_3 = 2.7 \times 0.278 = 0.7506$$

（1）由万能公式（万能公式根据128页图4-2进行推导）求初始孔隙比 e。

$$\frac{1+e_0}{1+e_3} = \frac{2}{1.98}$$

$$\frac{1+e_0}{1+0.7506} = \frac{2}{1.98}$$

$$e_0 = 0.768$$

（2）求压缩系数 a_{2-3}

当 $e=e_1$ 时，$s_1=0.01\text{cm}, e_1=0.768-(1+0.768)\times\dfrac{0.01}{2}=0.759$

当 $e=e_2$ 时，$s_1=0.03\text{cm}, e_1=0.768-(1+0.768)\times\dfrac{0.03}{2}=0.741$

$$a_{2-3}=\frac{e_2-e_3}{p_3-p_2}=\frac{0.759-0.741}{300-200}=1.8\times10^{-4}\text{kPa}^{-1}=0.18\text{MPa}^{-1}$$

4-2　如图所示的地基上修建条形基础（墙基），基础宽度为1.6m，地面以上荷重（包括墙基自重）为200kN/m，基础埋置深度为1m，黏土层试样的压缩试验结果见表。试求：

（1）绘制自重应力沿深度分布曲线。

（2）基础中点下土层中的附加应力分布曲线（绘在同一张图上）。

(3)基础中点的最终沉降量(用分层总和法,用 100~200kPa 的 E_{s1-2} 计算,设沉降计算经验系数 $\psi_s=1$,粗砂可以按一层计算)。

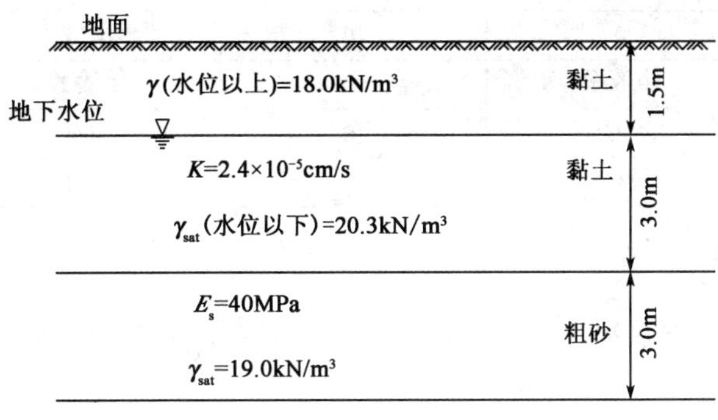

题 4-2 图

题 4-2 表

压应力(kPa)	100	200	300
孔隙比 e	0.952	0.936	0.924

【解析】　参见《土力学》(第 2 版)87 页:地基的自重应力计算;90 页:地基中的附加应力计算;143 页:沉降计算分层总和法。沉降量的计算,求题给出三种方法,通过计算结果来学习地基分层对沉降量的影响。

方法一:计算基础中点的沉降量时,不考虑黏土层和砂土层的分层,这种方法误差较大,计算简便。

(1)地基中的自重应力分布:σ_{sz} 从地面算起

题解 4-2 表 1

计算点深度 z (m)	总自重应力 σ_z (kPa)	孔隙水压力 u (kPa)	有效自重应力 σ'_{sz} (kPa)
0.0	0	0	0
1.0	18×1=18	0	18
1.5	18+18×0.5=27	0	27
4.5	27+20.3×3=87.9	30	57.9
7.5	87.9+19×3=144.9	60	84.9

(2)基础中点下土层中的附加应力

基底压力:$p=\dfrac{F}{b}+\gamma_0 d=\dfrac{200}{1.6}+20\times1=145\text{kPa}$

基底附加压力:$p_0=p-\gamma d=145-18\times1=127\text{kPa}$

计算点深度为基础底面,参见《建筑地基基础设计规范》(GB 50007—2011)附录 K。

题解 4-2 表 2

计算点深度 z (m)	$\frac{z}{b}$	$\frac{l}{b}$	α	附加应力 $\sigma_z=4\alpha p_0$ (kPa)
1.0	0	10	0.25	127
1.5	0.625	10	0.232	117.856
4.5	4.375	10	0.069	35.052
7.5	8.125	10	0.0385	19.558

(3)确定计算深度

在黏土层底端,即 $z=7.5\text{m}$ 处,$\sigma'_{sz}=84.9$,$\sigma_z=19.558$,$\frac{\sigma_z}{\sigma'_{sz}}=0.23$,取计算深度

$z=7.5-1=6.5\text{m}$

$z=1.25\text{m},p_0=\frac{127+117.856}{2}=122.428\text{kPa}$

$z=3.0\text{m},p_0=\frac{35.052+117.856}{2}=76.454\text{kPa}$

$z=6.0\text{m},p_0=\frac{35.052+19.558}{2}=27.305\text{kPa}$

(4)计算黏土层的压缩模量 E_s

$$a_{1\text{-}2}=\frac{0.952-0.936}{100}=1.6\times10^{-4}\text{kPa}^{-1}$$

$$E_s=\frac{1+e_1}{a}=\frac{1+0.952}{1.6\times10^{-4}}=1.22\times10^4\text{kPa}=12.2\text{MPa}$$

(5)计算沉降变形 s

$$s=\frac{122.428}{1.22\times10^4}\times50+\frac{76.454}{1.22\times10^4}\times300+\frac{27.305}{4\times10^4}\times300=2.587\text{cm}$$

(6)修正计算沉降变形 s

$$s'=\Psi_s s=1.0\times2.587=2.587\text{cm}$$

方法二:计算基础中点的沉降量时,考虑黏土层的分层,砂土层按一层计算。

(1)地基中的自重应力分布:σ_{sz} 从地面算起,计算过程同方法一。

(2)基础中点下土层中的附加应力

基底压力:$p=\frac{F}{b}+\gamma_0 d=\frac{200}{1.6}+20\times1=145\text{kPa}$

基底附加压力:$p_0=p-\gamma d=145-18\times1=127\text{kPa}$

地基分层:$\Delta z=0.4\times1.6=0.64\text{m}$,本题取 $\Delta z=0.5\text{m}$,符合标准。

计算点深度为基础底面,参见《建筑地基基础设计规范》(GB 50007—2011)附录 K。

题解 4-2 表 3

计算点深度 z_n (m)	$\frac{z}{b}$	$\frac{l}{b}$	α	附加应力 $\sigma_z=4\alpha p_0$ (kPa)
1.0	0	10	0.25	127

续上表

计算点深度 z_n (m)	$\frac{z}{b}$	$\frac{l}{b}$	α	附加应力 $\sigma_z=4\alpha p_0$ (kPa)
1.5	0.625	10	0.232	117.856
2.0	1.25	10	0.185	93.98
2.5	1.875	10	0.144	73.152
3.0	2.5	10	0.1155	58.674
3.5	3.125	10	0.095	48.26
4.0	3.75	10	0.081	41.148
4.5	4.375	10	0.069	35.052
7.5	8.125	10	0.0385	19.558

(3)确定计算深度

在黏土层底端，即 $z=7.5\text{m}$ 处，$\sigma'_{sz}=84.9$，$\sigma_z=19.558$，$\frac{\sigma_z}{\sigma'_{sz}}=0.23$。

取计算深度

$z=7.5-1=6.5\text{m}$

$z=1.25\text{m}, p=\frac{127+117.856}{2}=122.428\text{kPa}$

$z=1.75\text{m}, p=\frac{93.98+117.856}{2}=105.918\text{kPa}$

$z=2.25\text{m}, p=\frac{93.98+73.152}{2}=83.566\text{kPa}$

$z=2.75\text{m}, p=\frac{58.674+73.152}{2}=65.913\text{kPa}$

$z=3.25\text{m}, p=\frac{58.674+48.26}{2}=53.467\text{kPa}$

$z=3.75\text{m}, p=\frac{41.148+48.26}{2}=44.704\text{kPa}$

$z=4.25\text{m}, p=\frac{41.148+35.052}{2}=38.10\text{kPa}$

$z=6.0\text{m}, p=\frac{35.052+19.558}{2}=27.305\text{kPa}$

(4)计算黏土层的压缩模量 E_s

$$a_{1-2}=\frac{0.952-0.936}{100}=1.6\times10^{-4}\text{kPa}^{-1}$$

$$E_s=\frac{1+e_1}{a}=\frac{1+0.952}{1.6\times10^{-4}}=1.22\times10^4\text{kPa}=12.2\text{MPa}$$

(5)计算沉降变形 s

$$s=\frac{122.428}{1.22\times10^4}\times50+\frac{105.918+83.566+65.913+53.467+44.704+38.10}{1.22\times10^4}\times50+\frac{27.305}{4\times10^4}\times300$$

$=0.5+1.605+0.204=2.309\text{cm}$

(6)修正计算沉降变形 s'

$s'=\Psi_s s=1.0\times2.309=2.309\text{cm}$

方法三:计算基础中点的沉降量时,考虑黏土层和砂土层的分层。

(1)地基中的自重应力分布:σ_{sz}从地面算起,计算过程同方法一。

(2)基础中点下土层中的附加应力

基底压力:$p=\dfrac{F}{b}+\gamma_0 d=\dfrac{200}{1.6}+20\times1=145\text{kPa}$

基底附加压力:$p_0=p-\gamma d=145-18\times1=127\text{kPa}$

地基分层:$\Delta z=0.4\times1.6=0.64\text{m}$,本题取 $\Delta z=0.5\text{m}$,符合标准。

计算点深度为基础底面,参见《建筑地基基础设计规范》(GB 50007—2011)附录 K。

题解 4-2 表 4

计算点深度 z_n (m)	$\frac{z}{b}$	$\frac{l}{b}$	α	附加应力 $\sigma_z=4\alpha p_0$ (kPa)
1.0	0	10	0.25	127
1.5	0.625	10	0.232	117.856
2.0	1.25	10	0.185	93.98
2.5	1.875	10	0.144	73.152
3.0	2.5	10	0.1155	58.674
3.5	3.125	10	0.095	48.26
4.0	3.75	10	0.081	41.148
4.5	4.375	10	0.069	35.052
5.0	5	10	0.061	30.988
5.5	5.625	10	0.055	27.94
6.0	6.25	10	0.049	24.892
6.5	6.875	10	0.044	22.352
7.0	7.5	10	0.04	20.32
7.5	8.125	10	0.0385	19.558

(3)确定计算深度

在黏土层底端,即 $z=7.5\text{m}$ 处,$\sigma'_{sz}=84.9$,$\sigma_z=19.558$,$\dfrac{\sigma_z}{\sigma'_{sz}}=0.23$。

取计算深度

$z=7.5-1=6.5\text{m}$

$z=1.25\text{m}, p=\dfrac{127+117.856}{2}=122.428\text{kPa}$

$z=1.75\text{m}, p=\dfrac{93.98+117.856}{2}=105.918\text{kPa}$

$z=2.25\text{m}, p=\dfrac{93.98+73.152}{2}=83.566\text{kPa}$

$$z=2.75\text{m},p=\frac{58.674+73.152}{2}=65.913\text{kPa}$$

$$z=3.25\text{m},p=\frac{58.674+48.26}{2}=53.467\text{kPa}$$

$$z=3.75\text{m},p=\frac{41.148+48.26}{2}=44.704\text{kPa}$$

$$z=4.25\text{m},p=\frac{41.148+35.052}{2}=38.10\text{kPa}$$

$$z=4.75\text{m},p=\frac{30.988+35.052}{2}=33.02\text{kPa}$$

$$z=5.25\text{m},p=\frac{30.988+27.94}{2}=29.464\text{kPa}$$

$$z=5.75\text{m},p=\frac{24.892+27.94}{2}=26.416\text{kPa}$$

$$z=6.25\text{m},p=\frac{24.892+22.352}{2}=23.622\text{kPa}$$

$$z=6.75\text{m},p=\frac{20.32+22.352}{2}=21.336\text{kPa}$$

$$z=7.25\text{m},p=\frac{20.32+19.558}{2}=19.939\text{kPa}$$

(4)计算黏土层的压缩模量 E_s

$$a_{1-2}=\frac{0.952-0.936}{100}=1.6\times10^{-4}\text{kPa}^{-1}$$

$$E_s=\frac{1+e_1}{a}=\frac{1+0.952}{1.6\times10^{-4}}=1.22\times10^4\text{kPa}=12.2\text{MPa}$$

(5)计算沉降变形 s

$$s=\frac{122.428}{1.22\times10^4}\times50+\frac{105.918+83.566+65.913+53.467+44.704+38.10}{1.22\times10^4}\times50+\frac{33.02+29.464+26.416+23.622+21.336+19.939}{4\times10^4}\times50$$

$$=0.5+1.605+0.192=2.297\text{cm}$$

(6)修正计算沉降变形 s'

$$s'=\Psi_s s=1.0\times2.297=2.297\text{cm}$$

4-3 **某建筑物为矩形基础，长 3.6m，宽 2.0m，埋深 1.5m。地面以上荷重 N=900kN，地基土为均匀粉质黏土，γ =18kN/m^3，e_0 =1.0，a =0.4MPa^{-1}。试用规范法计算基础中心点的最终沉降量(考虑沉降计算经验修正系数，$p_0=f_{ak}$)。**

【解析】 参见《土力学》(第2版) 143 页:沉降计算分层总和法。

(1)基底附加压力 $p_0=p-\gamma d=\frac{900}{3.6\times2}+20\times1.5-18\times1.5=128\text{kPa}$

(2) $z_n = b(2.5 - 0.4\ln b) = 2 \times (2.5 - 0.4\ln 2) = 4.45\text{m}$，取计算深度 $z_n = 4.8\text{m}$

(3) $E_s = \dfrac{1+e_0}{a} = \dfrac{1+1}{0.4} = 5\text{MPa}$

(4) $\dfrac{z}{b} = \dfrac{4.8}{1} = 4.8$，$\dfrac{l}{b} = \dfrac{1.8}{1} = 1.8$，参见《建筑地基基础设计规范》(GB 50007—2011)附录K，平均附加应力系数 $\overline{\alpha} = 0.1173$

(5) $s = 4\dfrac{pz_n}{E_s} = 4\dfrac{p_0\overline{\alpha}z_n}{E_s} = 4 \times \dfrac{128 \times 0.1173 \times 480}{5000} = 5.76\text{cm}$

(6) $p_0 = f_{ak}$，$\overline{E}_s = 5\text{MPa}$，参见《建筑地基基础设计规范》(GB 50007—2011)表5.3.5，得：

$\Psi_s = 1.3 + \dfrac{1.0 - 1.3}{3} \times 1.0 = 1.2$

(7)最终沉降量 $s' = 1.2s = 1.2 \times 5.76 = 6.912\text{cm}$

4-4　**已知甲、乙两条形基础如图所示，$H_1 = H_2$，$b_2 = 2b_1$，$N_2 = 2N_1$。问基础中心点的沉降量是否相同？通过调整两基础的 H 和 b，能否使两基础的沉降量接近？有几种可能的调整方案？哪一种方法比较好？为什么？**

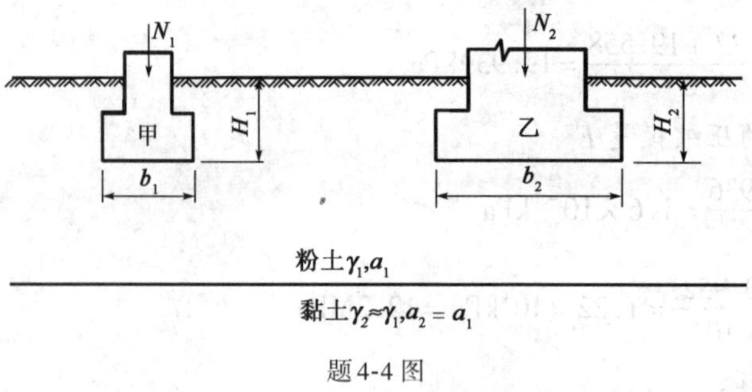

题4-4图

【解析】　(1)基础中心点的沉降量计算

参见《土力学》(第2版)143页：沉降计算分层总和法。

①因为 $a_2 = a_1$，不考虑黏土层的沉降，$z_2 >> z_1$，E_s 相同。

②基底附加压力：

$p_{甲} = \dfrac{N_1}{B_1} + (20 - \gamma_1)H_1$，$p_{乙} = \dfrac{N_1}{B_1} + (20 - \gamma_1)H_2$，因为 $H_1 = H_2$，则 $p_{甲} = p_{甲}$。

③比较平均附加应力系数：

对甲基础 $m_{甲} = \dfrac{L}{\frac{B_1}{2}} = 10$，$n = \dfrac{2z}{B_1}$

对乙基础 $m_{乙} = \dfrac{L}{\frac{B_2}{2}} = 10$，$n = \dfrac{2z}{B_2} = \dfrac{z}{B_1}$

参见《建筑地基基础设计规范》(GB 50007—2011)附录K：$\overline{\alpha}_{甲} < \overline{\alpha}_{乙}$。

④沉降量 $s=4\dfrac{pz_n}{E_s}=4\dfrac{p_0\overline{\alpha}z}{E_s}$，可知 $s_{乙}>s_{甲}$。

(2)通过调整两基础的 H 和 B，可使两基础的沉降量相近。

调整方案如下：

方案一：增大 B_2，使 $B_2>2B_1$，则基底附加应力 $p_{0乙}<p_{0甲}$，而 $\overline{\alpha}_{甲}<\overline{\alpha}_{乙}$，故可能有 $p_{0乙}\overline{\alpha}_{乙}=p_{0甲}\overline{\alpha}_{甲}$。

方案二：使 $B_2=B_1$，则 $\overline{\alpha}_{甲}=\overline{\alpha}_{乙}$，即增加 H_1 或减小 H_2。

方案三：增大 B_2，使 $B_1<B_2<2B_1$，同时，减小 H_2 或增大 H_1。

方案三较好，省原料，方便施工。

4-5 在如图所示的饱和软黏土层表面很快施工 150kPa 大面积均布荷载，经过四个月，测得土层中各深度处的超静水压力 Δu，见下表。

(1)绘制 $t=0$，$t=4$ 个月，$t=\infty$ 时土层中超静水压力沿深度的分布图。

(2)估计需要再经过多长时间土层才能达到 90% 固结度？

题 4-5 表

z(m)	Δu(kPa)	z(m)	Δu(kPa)
1	25	6	105
2	48	7	112
3	67	8	118
4	83	9	120
5	95		

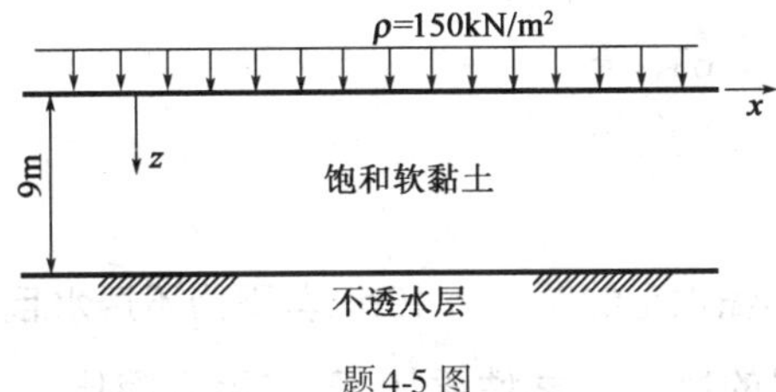

题 4-5 图

【解析】 参见《土力学》(第 2 版) 153 页：饱和土体渗流固结理论。

(1) $t=0$，$t=4$ 个月，$t=\infty$ 时土层中超静水压力，见下表。

题解 4-5 表

z(m)	$t=0$，Δu(kPa)	$t=4$ 个月，Δu(kPa)	$t=\infty$，Δu(kPa)
1	150	25	0
2	150	48	0
3	150	67	0
4	150	83	0
5	150	95	0

续上表

z(m)	$t=0,\Delta u$(kPa)	$t=4$ 个月,Δu(kPa)	$t=\infty,\Delta u$(kPa)
6	150	105	0
7	150	112	0
8	150	118	0
9	150	120	0

(2)平均固结度等于此时土层中土骨架已经承担的平均有效压应力面积对最终平均有效压应力的比值。

当 $t=4$ 个月

$$U_t = 1 - \frac{1.0\times\left(25+48+67+83+95+105+112+118+\frac{1}{2}\times 120\right)}{150\times 9} = 0.472$$

$$T_v = -\frac{4\ln\left[\frac{\pi^2}{8}(1-U_t)\right]}{\pi^2} = -\frac{4\ln\left[\frac{\pi^2}{8}(1-0.472)\right]}{\pi^2} = 0.1743$$

$$C_v = \frac{T_v H^2}{t} = \frac{0.1743\times 9^2}{\frac{1}{3}} = 42.35$$

当 $U_t=0.9$ 时

$$T_v = -\frac{4\ln\left[\frac{\pi^2}{8}(1-U_t)\right]}{\pi^2} = -\frac{4\ln\left[\frac{\pi^2}{8}(1-0.9)\right]}{\pi^2} = 0.85$$

$$t = \frac{T_v H^2}{C_v} = \frac{0.85\times 9^2}{42.35} = 1.63$$

则 $\Delta t = 1.63 - 0.33 = 1.3$ 年

4-6　如图所示,设饱和黏性土的厚度为10m,其下为不透水且不可压缩岩层,地面下作用均布荷载240kPa。设黏土层的物理力学性质如下:初始孔隙比 $e_0=0.8$,压缩系数 $a=0.25$ MPa^{-1},渗透系数 k=2.0cm/年。试问:

(1)加荷一年后地面沉降多少?

(2)加荷历时多久地面沉降量达20cm?(按一层计算,设粗砂垫层压缩量可忽略不计)

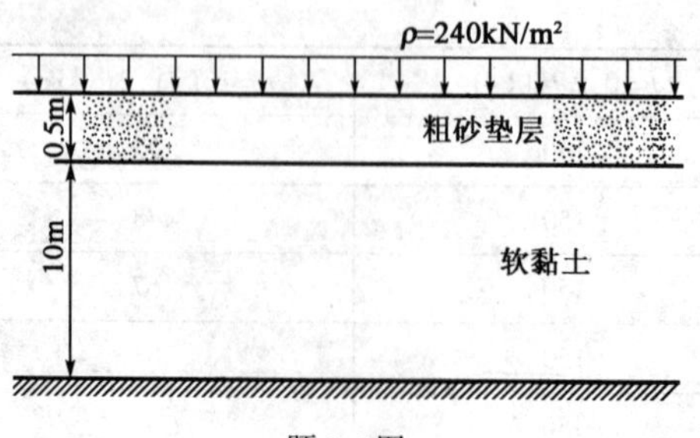

题4-6图

【解析】　参见《土力学》(第2版) 153页:饱和土体渗流固结理论。注意固结系数 C_v 量纲换算 $1cm^2/s=8.64m^2/d$。

(1)当 $t=1$ 年时

$$C_v=\frac{k(1+e_1)}{a\gamma_w}=\frac{2.0\times10^{-2}\times(1+0.8)}{0.25\times10^{-3}\times10}=14.4m^2/年$$

$$T_v=\frac{C_v t}{H^2}=\frac{14.4\times1.0}{10^2}=0.144$$

$$U_t=1-\frac{8}{\pi^2}e^{-\frac{\pi^2}{4}T_v}=1-\frac{8}{\pi^2}e^{-\frac{\pi^2}{4}\times0.144}=0.431$$

$$s_\infty=\frac{a}{1+e_1}ph=\frac{0.25\times10^{-3}}{1+0.8}\times240\times10=0.33m$$

加载一年后地面沉降 $s=U_t s_\infty=0.431\times0.33=0.14m$

(2)当地面沉降量为20cm时,固结度 $U_t=\frac{s}{s_\infty}=\frac{0.2}{0.33}=0.61$

$$T_v=-\frac{4\ln\left[\frac{\pi^2}{8}(1-U_t)\right]}{\pi^2}=-\frac{4\ln\left[\frac{\pi^2}{8}(1-0.61)\right]}{\pi^2}=0.297$$

$$t=\frac{T_v H^2}{C_v}=\frac{0.297\times10^2}{14.4}=2.06年$$

第5章 土的抗剪强度习题解析

5-1 一种土样在100kPa、200kPa、300kPa和400kPa的法向应力下进行直剪试验，测得土的峰值抗剪强度分别为$\tau_f = 105$kPa、151kPa、207kPa和260kPa；终值抗剪强度分别为$\tau_f = 34$kPa、65kPa、93kPa和123kPa。试用作图法求该土的峰值和终值抗剪强度指标，并阐述两种指标的用法。

【解析】 参见《土力学》(第2版)170页：土的抗剪强度公式

$\tau_f = c + \sigma\tan\varphi$。

(1)峰值抗剪强度指标

当$\sigma = 100\text{kPa}, \tau_f = 105\text{kPa} \Rightarrow 105 = c + 100\tan\varphi$

当$\sigma = 151\text{kPa}, \tau_f = 200\text{kPa} \Rightarrow 151 = c + 200\tan\varphi$

两式联立求得$\varphi = 24.7°, c = 59\text{kPa}$

(2)终值抗剪强度指标

当$\sigma = 100\text{kPa}, \tau_r = 34\text{kPa}$，得$34 = c + 100\tan\varphi$

当$\sigma = 200\text{kPa}, \tau_r = 65\text{kPa}$，得$65 = c + 200\tan\varphi$

两式联立求得$\varphi = 17.2, c = 3\text{kPa}$

(3)峰值强度：用于土的强度问题。终值强度：用于研究古旧滑坡、断层夹泥、大变形问题。

5-2 对一干砂试样进行直剪试验，在法向应力$\sigma = 96.6$kPa时，测得破坏剪应力$\tau = 67.7$kPa。试求：

(1)该砂土的内摩擦角。

(2)破坏时剪切面上土体单元的最大主应力和最小主应力的大小和作用方向。

【解析】 参见《土力学》(第2版)173页：极限平衡原理。

(1)砂土的摩擦角

$\tau_f = c + \sigma\tan\varphi$，干砂$c = 0$。

当$\sigma = 96.6\text{kPa}, \tau_f = 67.7\text{kPa}$，由$\tau_f = \sigma\tan\varphi$，$67.7 = 96.6\tan\varphi$，求得$\varphi = 35$。

(2)最大和最小主应力的大小、方向

依据极限平衡原理：

$$\sin\varphi = \frac{\sigma_1 - \sigma_3}{\sigma_1 + \sigma_3}, \sin35° = \frac{\sigma_1 - \sigma_3}{\sigma_1 + \sigma_3}$$

$$\cos\varphi = \frac{2\tau}{\sigma_1 - \sigma_3}, \cos35° = \frac{2 \times 67.7}{\sigma_1 - \sigma_3}$$

解得：$\sigma_1 = 226.65\text{kPa}, \sigma_3 = 61.35\text{kPa}$

大主应力 σ_1 作用面与破坏面的夹角为 $45° + \frac{\varphi}{2}$，即大主应力面与水平面的夹角为 62.5°。

小主应力 σ_3 作用面与破坏面的夹角为 $45° - \frac{\varphi}{2}$，即小主应力面与水平面的夹角为 27.5°。

5-3 **以某土样进行常规三轴固结排水试验，土样破坏时 σ_1 =500kPa，σ_3 =100kPa，且剪破面与最大主应力面的交角为 60°。试绘制极限应力莫尔圆，确定土的强度参数 φ 和 c，并计算破坏面上的法向应力和剪应力。**

【解析】 参见《土力学》（第 2 版）173 页：极限平衡原理。

（1）确定土的 c 和 φ

大主应力 σ_1 作用面与破坏面的夹角为 $45° + \frac{\varphi}{2}$，且大主应力面与水平面的夹角为 60°，求得 $\varphi = 30°$。

依据极限平衡原理：

$$\sigma_1 = \sigma_3\tan^2\left(45 + \frac{1}{2}\varphi\right) + 2c\tan\left(45 + \frac{1}{2}\varphi\right)$$

$$500 = 100 \times \tan^2\left(45 + \frac{1}{2} \times 30\right) + 2c\tan\left(45 + \frac{1}{2} \times 30\right)$$

求得 $c = 57.75\text{kPa}$

（2）破坏面上的剪应力和切应力

$$\cos\varphi = \frac{2\tau}{\sigma_1 - \sigma_3}$$

$$\cos35° = \frac{2 \times \tau}{500 - 100}，得\ \tau = 173.2\text{kPa}$$

$$\sigma_n = \frac{1}{2}(\sigma_1 + \sigma_3) - \frac{1}{2}(\sigma_1 - \sigma_3)\sin\varphi$$

$$\sigma_n = \frac{1}{2} \times (500 + 100) - \frac{1}{2} \times (500 - 100)\sin30 = 200\text{kPa}$$

5-4 **已知建筑物地基中土体某点的应力状态为：σ_z =250kPa，σ_x = 100kPa 和 τ_{xz} = 40kPa，土的强度参数为 φ =30°，c =0。问该点是否发生剪切破坏？又如 σ_z 和 σ_x 不变，τ_{xz} 值增加至 60kPa，则该点的状态又将如何？**

【解析】 参见《土力学》（第 2 版）173 页：极限平衡原理。

(1)判别

依据极限平衡原理

$$\sigma_1=\frac{1}{2}\times(\sigma_z+\sigma_x)+\sqrt{\left[\frac{1}{2}(\sigma_z-\sigma_x)\right]^2+\tau_{zx}^2}=\frac{1}{2}\times(250+100)+\sqrt{\left[\frac{1}{2}\times(250-100)\right]^2+40^2}$$
$$=260\text{kPa}$$

$$\sigma_3=\frac{1}{2}\times(\sigma_z+\sigma_x)-\sqrt{\left[\frac{1}{2}(\sigma_z-\sigma_x)\right]^2+\tau_{zx}^2}=\frac{1}{2}\times(250+100)-\sqrt{\left[\frac{1}{2}\times(250-100)\right]^2+40^2}$$
$$=90\text{kPa}$$

当 $\sigma_3=90\text{kPa}$ 时，$\varphi=30°, c=0$

$$\sigma_{1f}=\sigma_3\tan^2\left(45+\frac{1}{2}\varphi\right)=90\times\tan^2\left(45+\frac{1}{2}\times30\right)=270\text{kPa}>260\text{kPa}$$

该点没有发生剪切破坏。

(2)讨论

σ_z 和 σ_x 不变，τ_{xz} 值增加至 60kPa 时

$$\sigma_1=\frac{1}{2}\times(\sigma_z+\sigma_x)+\sqrt{\left[\frac{1}{2}(\sigma_z-\sigma_x)\right]^2+\tau_{zx}^2}=\frac{1}{2}\times(250+100)+\sqrt{\left[\frac{1}{2}\times(250-100)\right]^2+60^2}$$
$$=271\text{kPa}$$

$$\sigma_3=\frac{1}{2}\times(\sigma_z+\sigma_x)-\sqrt{\left[\frac{1}{2}(\sigma_z-\sigma_x)\right]^2+\tau_{zx}^2}=\frac{1}{2}\times(250+100)-\sqrt{\left[\frac{1}{2}\times(250-100)\right]^2+60^2}$$
$$=78.95\text{kPa}$$

σ_z 和 σ_x 不变，当 $\sigma_3=78.95\text{kPa}$ 时，$\varphi=30°, c=0$

$\sigma_{1f}=\sigma_3\tan^2\left(45+\frac{1}{2}\varphi\right)=78.95\times\tan^2\left(45+\frac{1}{2}\times30\right)=236.85\text{kPa}<271\text{kPa}$，该点已经破坏。

5-5 **以某饱和黏土做三轴固结不排水剪切试验，测得破坏时四个试样的最大主应力、最小主应力和孔隙水压力如表所示。**

(1)用总应力法确定土的强度指标 c_{cu} 和 φ_{cu}。

(2)用有效应力法确定土的强度指 c' 和 φ'。

(3)用有效应力法求取土的破坏主应力线，并根据破坏主应力线求土的 c' 和 φ'。

题 5-5 表

σ_1(kPa)	145	228	310	401
σ_3(kPa)	60	100	150	200
u(kPa)	31	55	92	120

【解析】 参见《土力学》(第 2 版)173 页：极限平衡原理；190 页：应力路径和破坏主应力线。

(1) 用总应力法确定土的强度指标 c_{cu} 和 φ_{cu}

$$\sigma_1 = \sigma_3 \tan^2\left(45 + \frac{1}{2}\varphi_{cu}\right) + 2c_{cu}\tan\left(45 + \frac{1}{2}\varphi_{cu}\right)$$

$$145 = 60 \times \tan^2\left(45 + \frac{1}{2}\varphi_{cu}\right) + 2c_{cu}\tan\left(45 + \frac{1}{2}\varphi_{cu}\right)$$

$$228 = 100 \times \tan^2\left(45 + \frac{1}{2}\varphi_{cu}\right) + 2c_{cu}\tan\left(45 + \frac{1}{2}\varphi_{cu}\right)$$

求得 $\varphi_{cu} = 20.44°$，$c_{cu} = 7.18\text{kPa}$

同理可利用另外两组数据进行求解，取平均值得 $\varphi_{cu} = 17°$，$c_{cu} = 15.25\text{kPa}$

(2)用有效应力法确定土的强度指标 c' 和 φ'

利用有效应力原理，求解有效应力，见下表。

题解 5-5 表 1

σ_1(kPa)	145	228	310	401
σ_3(kPa)	60	100	150	200
u(kPa)	31	55	92	120
σ'_1(kPa)	114	173	218	281
σ'_3(kPa)	29	45	58	80

$$\sigma'_1 = \sigma'_3 \tan^2\left(45 + \frac{1}{2}\varphi'\right) + 2c'\tan\left(45 + \frac{1}{2}\varphi'\right)$$

$$114 = 29 \times \tan^2\left(45 + \frac{1}{2}\varphi'\right) + 2c'\tan\left(45 + \frac{1}{2}\varphi'\right)$$

$$173 = 45 \times \tan^2\left(45 + \frac{1}{2}\varphi'\right) + 2c'\tan\left(45 + \frac{1}{2}\varphi'\right)$$

求得 $\varphi' = 34.78°$，$c' = 1.84\text{kPa}$

$$218 = 58 \times \tan^2\left(45 + \frac{1}{2}\varphi'\right) + 2c'\tan\left(45 + \frac{1}{2}\varphi'\right)$$

$$281 = 80 \times \tan^2\left(45 + \frac{1}{2}\varphi'\right) + 2c'\tan\left(45 + \frac{1}{2}\varphi'\right)$$

求得 $\varphi' = 28.78°$，$c' = 15.42\text{kPa}$

取两组数据得平均值，得 $\varphi' = 31.78°$，$c' = 8.63\text{kPa}$

(3)利用第一组和第二组数据求解破坏主应力线，见下表。

题解 5-5 表 2

σ_1(kPa)	145	228	310	401
σ_3(kPa)	60	100	150	200
u(kPa)	31	55	92	120
σ'_1(kPa)	114	173	218	281
σ'_3(kPa)	29	45	58	80
p(kPa)	71.5	109	138	180.5
q(kPa)	42.5	64	80	100.5

$\tan\alpha = \dfrac{\Delta q}{\Delta p} = \dfrac{64-42.5}{109-71.5} = 0.573 \Rightarrow \alpha = 29.81°$

对于第一组数据：$p = 71.5\text{kPa}$，$q = 42.5\text{kPa}$，则

$q = a + p\tan\alpha$

$42.5 = a + 71.5 \times \tan 29.81°$

求得 $a = 1.53\text{kPa}$

有效内摩擦角与破坏主应力角的关系：$\tan\alpha = \sin\varphi'$，则

$\tan 29.81° = \sin\varphi'$，$\varphi' = 34.96°$

破坏主应力线与 q 轴的截距 a 与黏聚力 c 的关系：

$a = \text{cgcos}\varphi' \Rightarrow 1.53 = \text{cgcos}34.96 \Rightarrow c = 1.87\text{kPa}$

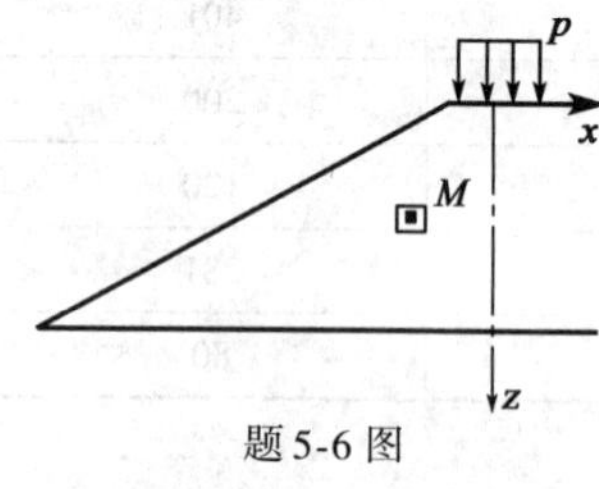

题 5-6 图

5-6　如图 5-6 所示。土坝坝体中 M 点处于极限平衡状态，已知该点的应力状态如下：$\sigma_z = 350\text{kPa}$、$\sigma_x = 150\text{kPa}$ 和 $\tau_{xz} = -100\text{kPa}$。若土料为砾砂料，试确定：

(1) 砾砂的内摩擦角为多大？

(2) 滑动面通过 M 点的方向。

【解析】　参见《土力学》(第 2 版) 173 页：极限平衡原理。

(1) 土料为砾砂层，内摩擦角 $\varphi = 0$，依据极限平衡原理：

$$\sigma_1 = \frac{1}{2}\times(\sigma_z + \sigma_x) + \sqrt{\left[\frac{1}{2}(\sigma_z - \sigma_x)\right]^2 + \tau_{zx}^2} = \frac{1}{2}\times(350+150) + \sqrt{\left[\frac{1}{2}\times(350-150)\right]^2 + 100^2}$$

$$= 391.42\text{kPa}$$

$$\sigma_3 = \frac{1}{2}\times(\sigma_z + \sigma_x) - \sqrt{\left[\frac{1}{2}(\sigma_z - \sigma_x)\right]^2 + \tau_{zx}^2} = \frac{1}{2}\times(350+150) - \sqrt{\left[\frac{1}{2}\times(350-150)\right]^2 + 100^2}$$

$$= 108.58\text{kPa}$$

$$\sin\varphi = \frac{\sigma_1 - \sigma_3}{\sigma_1 + \sigma_3} = \frac{391.42 - 108.58}{391.42 + 108.58} = 0.566$$

$$\varphi = 34.47° \approx 35°$$

(2) $\tau_{xz} = -100\text{kPa}$，可知 $\tau_{zx} = 100\text{kPa}$，则大主应力面与 z 作用面的夹角 β

$$\sin 2\beta = \frac{\tau_{zx}}{\dfrac{\sigma_1 - \sigma_3}{2}} = \frac{100}{\dfrac{391.42 - 108.58}{2}} = 0.707$$

$$\beta = 22.5°$$

即 z 作用面顺时针旋转 22.5°后为大主应力作用面，大主应力 σ_1 作用面与破坏面的夹角为 $45° + \dfrac{\varphi}{2} = 45° + \dfrac{1}{2}\times 35° = 62.5°$；破裂面有两个，大主应力作用面顺时针和逆时针分别旋转 62.5°，即为破裂面。

顺时针旋转：破裂面与 z 作用面的夹角为 $\theta_1 = 22.5° + 62.5° = 85°$

逆时针旋转：破裂面与 z 作用面的夹角为 $\theta_2 = 62.5° - 22.5° = 40°$

根据题意，即工作工况，滑动面通过 M 点的方向为与 x 轴正方向的夹角为 40°。

5-7 **有三个饱和土试样，首先将它们在周围压力 $\sigma_3 = 50$kPa 下分别排水固结。然后，关闭排水阀门，并将围压力 σ_3 分别升高至 100kPa、150kPa 和 200kPa 进行不固结不排水三轴试验，测得破坏时的偏差应力分别为 $(\sigma_1 - \sigma_3)_f = 85$kPa、83kPa 和 87kPa。假设土样破坏时的孔压系数 $A_f = 0.2$，试确定三个试样破坏时的孔隙水压力 u_f 并绘出有效应力莫尔圆。**

【解析】 参见《土力学》(第2版)121页：孔隙水压力系数；198页：抗剪强度指标。

由于是饱和土体，所以孔压系数 $B = 1.0$，试验破坏时的偏差应力为 $(\sigma_1 - \sigma_3)_f$，见下表。

试验应力状态变化过程　　题解 5-7 表

试　样	σ_3(kPa)	σ_1(kPa)	u(kPa)	σ_1'(kPa)	σ_3'(kPa)
(三个试样)排水固结 $\sigma_3 = 50$kPa	50	50	0	50	50
试样1(UU)	100	185	$u = 1.0 \times 50 + 0.2 \times 85 = 67$kPa	33	118
试样2(UU)	150	233	$u = 1.0 \times 100 + 0.2 \times 83 = 116.6$kPa	33.4	116.4
试样3(UU)	200	287	$u = 1.0 \times 200 + 0.2 \times 87 = 167.4$kPa	32.6	119.6
总结	不固结不排水试验，有效应力圆集中到一个				

5-8 **用两种尺寸规格的十字板在黏土层的同一深度处测定土的抗剪强度，十字板尺寸和测得最大扭矩见下表。试问，在此深度处土的竖直抗剪强度和水平抗剪强度各有多大？**

题 5-8 表

字　板	直径(mm)	长度(mm)	最大扭矩(N·cm)
A	50	150	2000
B	50	50	1000

【解析】 参见《土力学》(第2版)187页：十字板剪切试验。

$$M_1 = \frac{\pi D^3}{6}\tau_{fh}$$

$$M_2 = \frac{1}{2}\pi D^2 H \tau_{fv}$$

$$M_{max} = M_1 + M_2$$

式中：M_1——柱体上、下底面的抗剪强度对圆心所产生的抗扭力矩；

τ_{fh}——水平面上土的抗剪强度；

M_2——圆柱侧面上的剪应力对圆心所产生的抗扭力矩；

τ_{fv}——竖直面上土的抗剪强度。

上面三个方程进行联立（注意量纲换算），求得 $\tau_{fh}=76.34\text{kPa}$，$\tau_{fv}=25.48\text{kPa}$。

5-9 **某土体单元处于侧限应力状态，其侧向土压力系数为 K_0，其竖向应力 σ_1 自零开始逐步加载，试在 p-q 图上绘制其应力路径。**

【解析】　参见《土力学》（第2版）193页：总应力路径和有效应力路径。

在侧限压缩条件下加载时，水平向应力增量 $\Delta\sigma_3$ 与竖直向应力增量 $\Delta\sigma_1$ 之比为侧压力系数 K_0。

$$K_0=\frac{\Delta\sigma_3}{\Delta\sigma_1}=\frac{\upsilon}{1-\upsilon},\Delta\sigma_3=K_0\Delta\sigma_1$$

$$\Delta p=\frac{1}{2}(\Delta\sigma_3+\Delta\sigma_1)=\frac{1}{2}(1+K_0)\Delta\sigma_1$$

$$\Delta q=\frac{1}{2}(\Delta\sigma_1-\Delta\sigma_3)=\frac{1}{2}(1-K_0)\Delta\sigma_1$$

$$\frac{\Delta q}{\Delta p}=\frac{\frac{1}{2}(1-K_0)\Delta\sigma_1}{\frac{1}{2}(1+K_0)\Delta\sigma_1}=\frac{1-K_0}{1+K_0}$$

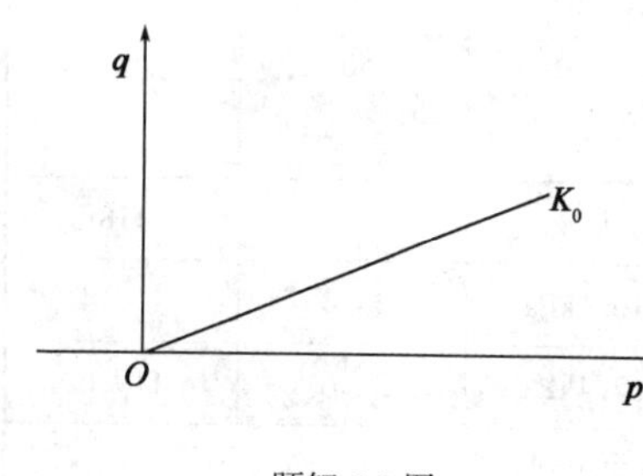

题解 5-9 图

即在 p-q 坐标上的应力路径是通过原点、坡比为 $\frac{1-K_0}{1+K_0}$ 的直线，如左图所示。

5-10 **对饱和细砂进行常规三轴压缩试验，试样首先在围压 $\sigma_3=150\text{kPa}$ 下排水固结，然后在不排水条件下施加轴向偏差应力 $(\sigma_1-\sigma_3)=100\text{kPa}$，测得孔隙水压力 $u=50\text{kPa}$。如果假设孔压系数 A 是常数，问偏差应力 $(\sigma_1-\sigma_3)$ 增加到 150kPa 时，试样的总应力、孔隙水压力和有效应力各为多少？绘出整个试验过程的总应力和有效应力路径。**

【解析】　参见《土力学》（第2版）121页：孔隙水压力系数；193页：总应力路径和有效应力路径。

由于是饱和土体，所以孔压系数 $B=1.0$。

$$u=B\cdot A(\sigma_1-\sigma_3)$$

当 $\sigma_1-\sigma_3=100\text{kPa}$ 时，$u=50\text{kPa}$，代入上式

$$50=1.0\times A\times 100\Rightarrow A=0.5$$

当 $\sigma_1-\sigma_3=150\text{kPa}$，$u=B\cdot A(\sigma_1-\sigma_3)=1.0\times 0.5\times 150=75$

试验应力状态变化过程，见下表。

题解 5-10 表

试样阶段	σ_3	σ_1	u	σ_3'	σ_1'	p	q	p'	q'
排水固结 $\sigma_3=150\text{kPa}$	150	150	0	150	150	150	0	150	0
不排水 $\sigma_1-\sigma_3=100\text{kPa}$	150	250	50	100	200	200	50	150	50
不排水 $\sigma_1-\sigma_3=150\text{kPa}$	150	300	75	75	225	225	75	150	75

5-11 **对一饱和黏土试样进行固结不排水常规三轴试验，固结压力为 $\sigma_3=150\text{kPa}$，试验测试结果见下表。绘制其总应力和有效应力路径。**

题 5-11 表 1

轴向应变 ε_1(%)	0	1	2	4	6	8	10	12
偏差应力($\sigma_1-\sigma_3$)(kPa)	0	35	45	52	54	56	57	58
孔压 u(kPa)	0	19	29	41	47	51	53	55

【解析】 参见《土力学》(第 2 版)193 页：总应力路径和有效应力路径。

由于是饱和土体，所以孔压系数 $B=1.0$。试验应力状态变化过程见下表。

题 5-11 表 2

试样阶段(CU) 轴向应变 ε_1(%)	σ_3	σ_1	u	σ_3'	σ_1'	p	q	p'	q'
0	150	150	0	150	150	150	0	150	0
1	150	185	19	131	166	167.5	17.5	148.5	17.5
2	150	195	29	121	166	172.5	22.5	143.5	22.5
4	150	202	41	109	161	176	20.5	135	20.5
6	150	204	47	103	157	177	27	130	27
8	150	206	51	99	155	178	28	127	28
10	150	207	53	97	154	178.5	28.5	125.5	28.5
12	150	208	55	95	153	179	29	124	29

5-12 **已知，某饱和黏土的有效应力强度参数分别为 $c'=25\text{kPa}$、$\varphi'=30°$。对该土进行无侧限压缩试验，测得无侧限抗压强度 $q_u=95\text{kPa}$。试求破坏时土样的孔隙水压力系数 A_f。**

【解析】 参见《土力学》(第 2 版)121 页：孔隙水压力系数；193 页：总应力路径和有效应力路径；173 页：极限平衡原理。

由于是饱和土体，所以孔压系数 $B_f=1.0$。

无侧限压缩试验相当于围压 $\sigma_3=0$ 的 UU 试验，即 $\sigma_3=0$，$\sigma_1=q_u=95\text{kPa}$

$u = B_f \cdot \sigma_3 + B_f \cdot A_f(\sigma_1 - \sigma_3) = 95A_f$

$\sigma'_3 = 0 - u = 0 - 95A_f = -95A_f$

$\sigma'_1 = \sigma_1 - u = 95 - 95A_f$

利用极限平衡原理：

$$\sin\varphi' = \frac{\sigma'_1 - \sigma'_3}{\sigma'_1 + \sigma'_3 + 2c'\text{ctan}\varphi'}$$

$$\sin30° = \frac{95 - 95A_f + 95A_f}{95 - 95A_f - 95A_f + 2 \times 25 \times c\tan30°}$$

$A_f = -0.044$

5-13 某饱和正常固结黏性土 $\varphi' = 30°$。将该土样先在 $\sigma_3 = 100\text{kPa}$ 下固结，然后在不排水条件下增加 $\Delta\sigma_1 = \sigma_1 - \sigma_3 = 80\text{kPa}$，测得孔压系数 $A = 0.5$（假设 A 为常数）。让孔隙水压力完全消散后再进行不排水加载，问 $\Delta\sigma_1$ 再增加多大时试样发生破坏？破坏时，破裂面上的剪应力多大？并在 $p' - q$ 图上绘出上述过程中土样的有效应力路径。

【解析】 参见《土力学》（第2版）121页：孔隙水压力系数；193页：总应力路径和有效应力路径；173页：极限平衡原理；200页：三轴试验强度指标。

饱和正常固结黏性土：$c = 0, \varphi' = 30°$

当 $\Delta\sigma_1 = \sigma_1 - \sigma_3 = 80\text{kPa}, u = B \cdot A(\sigma_1 - \sigma_3) = 0.5 \times 80 = 40\text{kPa}$

试验应力状态变化过程见下表。

题解 5-13 表

试验阶段	σ_3(kPa)	σ_1(kPa)	u(kPa)	σ'_3(kPa)	σ'_1(kPa)	p'(kPa)	q'(kPa)
排水固结 $\sigma_3 = 50\text{kPa}$	100	100	0	100	100	100	100
不排水 $\Delta\sigma_1 = 80\text{kPa}$	100	180	40	60	140	100	40
压力消散后	100	180	0	100	180	140	40
不排水 $\Delta\sigma_1$	100	$180 + \Delta\sigma_1$	$\frac{\Delta\sigma_1}{2}$	$100 - \frac{\Delta\sigma_1}{2}$	$180 + \frac{\Delta\sigma_1}{2}$	140	$40 - \frac{\Delta\sigma_1}{2}$

利用极限平衡原理，当 $\sigma'_3 = 100\text{kPa}$ 时，

$$\sigma'_{1f} = \sigma'_3\tan^2(45 + \frac{1}{2}\varphi')$$

$$180 + \frac{\Delta\sigma_1}{2} = \left(100 - \frac{\Delta\sigma_1}{2}\right) \times \tan^2\left(45 + \frac{1}{2} \times 30\right)$$

$\Delta\sigma_1 = 60\text{kPa}$

破坏时，$\sigma_1 = 210\text{kPa}, \sigma_3 = 70\text{kPa}$ 破裂面上的剪应力为 τ，则

$$\cos\varphi' = \frac{\tau}{\frac{\sigma_1 - \sigma_3}{2}}$$

$$\cos 30^\circ = \frac{\tau}{\frac{210-70}{2}}$$

$\tau = 60.62\text{kPa}$

5-14 在 p-q 坐标上画出下列 4 种常见三轴试验的应力路径(试样先在周围压力 σ_3 下固结):

(1) σ_3 等于常量,增大 σ_1 直至试样剪切破坏。

(2) σ_1 等于常量,减小 σ_3 直至试样剪切破坏。

(3) 保持平均应力 $p=\frac{1}{3}(\sigma_1+2\sigma_3)$ 等于常量,增大偏差应力 $\Delta\sigma_1$ 直至剪切破坏。

(4) 保持 $\frac{\Delta\sigma_1}{\Delta\sigma_3}$ 等于常量,增大偏差应力 $\Delta\sigma_1$ 直至剪切破坏。

【解析】 参见《土力学》(第 2 版)193 页:总应力路径和有效应力路径。

(1) σ_3 等于常量,增大 σ_1 直至试样剪切破坏。

$$\frac{\Delta q}{\Delta p} = \frac{\frac{1}{2}(\Delta\sigma_1 - \Delta\sigma_3)}{\frac{1}{2}(\Delta\sigma_1 + \Delta\sigma_3)} = \frac{\Delta\sigma_1}{\Delta\sigma_1} = 1$$

(2) σ_1 等于常量,减小 σ_3 直至试样剪切破坏。

$$\frac{\Delta q}{\Delta p} = \frac{\frac{1}{2}(\Delta\sigma_1 - \Delta\sigma_3)}{\frac{1}{2}(\Delta\sigma_1 + \Delta\sigma_3)} = \frac{-\Delta\sigma_3}{\Delta\sigma_3} = -1$$

(3) 当 $p=\frac{1}{3}(\sigma_1+2\sigma_3)$ 等于常量,则

$$\frac{1}{3}[\sigma_1 + \Delta\sigma_1 + 2(\sigma_3 + \Delta\sigma_3)] = p$$

$$\Delta\sigma_1 + 2\Delta\sigma_3 = 0$$

$$\Delta\sigma_1 = -2\Delta\sigma_3$$

$$\frac{\Delta q}{\Delta p} = \frac{\frac{1}{2}(\Delta\sigma_1 - \Delta\sigma_3)}{\frac{1}{2}(\Delta\sigma_1 + \Delta\sigma_3)} = \frac{-2\Delta\sigma_3 - \Delta\sigma_3}{-2\Delta\sigma_3 + \Delta\sigma_3} = 3$$

(4) 保持 $\frac{\Delta\sigma_1}{\Delta\sigma_3}$ 等于常量,增大偏差应力 $\Delta\sigma_1$ 直至剪切破坏。

令 $\frac{\Delta\sigma_1}{\Delta\sigma_3} = K$

$\Delta\sigma_1 = K\Delta\sigma_3$

$$\frac{\Delta q}{\Delta p}=\frac{\frac{1}{2}(\Delta\sigma_1-\Delta\sigma_3)}{\frac{1}{2}(\Delta\sigma_1+\Delta\sigma_3)}=\frac{K\Delta\sigma_3-\Delta\sigma_3}{K\Delta\sigma_3+\Delta\sigma_3}=\frac{K-1}{K+1}$$

试验过程数据见下表。

题解 5-14 表

试验过程	σ_3(kPa)	σ_1(kPa)	p(kPa)	q(kPa)	$\frac{\Delta q}{\Delta p}$
围压 σ_3 下固结	σ_3	σ_3	σ_3	0	
σ_3 等于常量,增大 σ_1 直至试样剪切破坏	σ_3	σ_1	$\frac{\sigma_1+\sigma_3}{2}$	$\frac{\sigma_1-\sigma_3}{2}$	1
σ_1 等于常量,减小 σ_3 直至试样剪切破坏	σ_3	σ_1	$\frac{\sigma_1+\sigma_3}{2}$	$\frac{\sigma_1-\sigma_3}{2}$	-1
保持平均应力 $p=\frac{1}{3}(\sigma_1+2\sigma_3)$ 等于常量,增大偏差应力 $\Delta\sigma_1$ 直至剪切破坏	σ_3	σ_1	$\frac{\sigma_1+\sigma_3}{2}$	$\frac{\sigma_1-\sigma_3}{2}$	3
保持$\frac{\Delta\sigma_1}{\Delta\sigma_3}$等于常量,增大偏差应力 $\Delta\sigma_1$ 直至剪切破坏	σ_3	σ_1	$\frac{\sigma_1+\sigma_3}{2}$	$\frac{\sigma_1-\sigma_3}{2}$	$\frac{K-1}{K+1}$

5-15 **已知某饱和正常黏土的有效应力抗剪强度指标 $c'=0$、$\varphi'=20°$。若对该黏土分别进行如下的常规三轴试验,试计算:**

(1)进行围压力 $\sigma_3=200$kPa 的固结排水试验,试计算试样破坏时的偏差应力 $(\sigma_1-\sigma_3)_f$。

(2)进行围压力 $\sigma_3=200$kPa 的固结不排水试验,测得破坏时的偏差应力 $(\sigma_1-\sigma_3)_f=175$kPa,试计算试样破坏时的孔隙水压力 u_f。

(3)若先让试样在某个围压力 σ_3 下排水固结,然后进行不固结不排水试验,得其不排水强度指标 $c_u=150$kPa,试求该固结围压力 σ_3 的大小。

【解析】 参见《土力学》(第 2 版)121 页:孔隙水压力系数;193 页:总应力路径和有效应力路径;173 页:极限平衡原理。

由于是饱和土体,所以孔压系数 $B_f=1.0$。

(1)进行围压力 $\sigma_3=200$kPa 的固结排水试验,$\sigma_3'=200$kPa,根据已知条件 $c'=0$、$\varphi'=20°$,依据极限平衡原理:

$$\sin\varphi'=\frac{\sigma_1'-\sigma_3'}{\sigma_1'+\sigma_3'}\Rightarrow\sin20°=\frac{\sigma_1'-200}{\sigma_1'+200}$$

$\sigma_1'=407.9$kPa

$\sigma_1'-\sigma_3'=407.9-200=207.9$kPa

$(\sigma_1-\sigma_3)_f=\sigma_1-u-(\sigma_3-u)=\sigma_1'-\sigma'=207.9$kPa

(2)进行围压力 $\sigma_3=200$kPa 的固结不排水试验,测得破坏时的偏差应力$(\sigma_1-\sigma_3)_f=175$kPa

此时 $\sigma_3'=200-u_f$,$\sigma_1'=200+175-u_f$,依据极限平衡原理:

$$\sin\varphi' = \frac{\sigma_1' - \sigma_3'}{\sigma_1' + \sigma_3'} \Rightarrow \sin 20 = \frac{175}{575 - 2u_f} \Rightarrow u_f = 31.65\text{kPa}$$

$$A_f = \frac{u_f}{(\sigma_1 - \sigma_3)_f} = \frac{31.65}{175} = 0.18$$

(3)暂定第 2 问的孔压系数 $A = 0.18$ 保持不变，试样先在某个围压力 σ_3 下排水固结，然后进行不固结不排水试验，得其不排水强度指标 $c_u = 150\text{kPa}$，则试样破坏时：

$$\frac{\sigma_{1f} - \sigma_{3f}}{2} = c_u = 150$$

$$\sigma_{1f} - \sigma_{3f} = 300$$

$$u = B\cdot(\sigma_{3f} - \sigma_3) + BA\cdot(\sigma_{1f} - \sigma_{3f}) = \sigma_{3f} - \sigma_3 + 0.18 \times 300 = \sigma_{3f} - \sigma_3 + 54$$

$$\sigma'_{1f} = \sigma_{1f} - u = \sigma_{1f} - (\sigma_{3f} - \sigma_3 + 54) = 246 + \sigma_3$$

$$\sigma'_{3f} = \sigma_{3f} - u = \sigma_{3f} - (\sigma_{3f} - \sigma_3 + 54) = \sigma_3 - 54$$

利用极限平衡原理：

$$\sin\varphi' = \frac{\sigma'_{1f} - \sigma'_{3f}}{\sigma'_{1f} + \sigma'_{3f}}$$

$$\sin 20° = \frac{246 + \sigma_3 - (\sigma_3 - 54)}{246 + \sigma_3 + \sigma_3 - 54} = \frac{300}{2\sigma_3 + 192}$$

$$\sigma_3 = 342.6\text{kPa}$$

5-16 **对两个饱和正常固结黏土试样分别进行了固结排水和固结不排水三轴试验，测得试验结果见下表。**

题 5-16 表

试 验 类 型	σ_3(kPa)	破坏时$(\sigma_1 - \sigma_3)_f$
固结排水	300	650
固结不排水	200	250

试计算：

(1)该黏土的有效应力强度指标。

(2)该黏土的固结不排水强度指标。

(3)固结不排水试验中，试样破坏时的孔隙水压力、破裂面上的法向有效应力、剪应力以及法向总应力、剪应力。

【解析】　参见《土力学》(第 2 版)121 页：孔隙水压力系数；193 页：总应力路径和有效应力路径；173 页：极限平衡原理；200 页：三轴试验强度指标。

饱和正常固结黏性土：$c = 0$，$\varphi' = 30°$，孔压系数 $B = 1.0$。

(1)饱和正常固结黏性土：$c' = 0$

固结排水：$\sigma_3' = 300$，$\sigma_1' = 300 + 650 = 950$

依据极限平衡原理：$\sin\varphi' = \dfrac{\sigma_1' - \sigma_3'}{\sigma_1' + \sigma_3'}$

$\sin\varphi' = \dfrac{650}{1250}$

$\varphi' = 31.33°$

(2)饱和正常固结黏性土：$c = 0$

$\sigma_3 = 200\text{kPa}, \sigma_1 = 200 + 250 = 450\text{kPa}$

依据极限平衡原理：$\sin\varphi = \dfrac{\sigma_1 - \sigma_3}{\sigma_1 + \sigma_3}$

$\sin\varphi = \dfrac{250}{650}$

$\varphi = 22.62°$

(3)根据黏性土密度—有效应力—抗剪强度的唯一性关系，对同一种饱和正常固结黏土，存在单一的有效应力强度包线，且破坏时土样的含水率(密度)和强度间存在唯一性关系，与试验的类型、排水条件和应力路径无关。

$$\sin 31.33° = \frac{\sigma_1' - \sigma_3'}{\sigma_1' + \sigma_3'} = \frac{\dfrac{450 - u - (200 - u)}{2}}{\dfrac{450 - u + (200 - u)}{2}} = \frac{125}{325 - u}$$

$u = 84.62\text{kPa}$

则 $\sigma_1' = 450 - 84.62 = 365.38\text{kPa}, \sigma_3' = 200 - 84.62 = 115.38\text{kPa}$

法向有效应力、剪应力：

$$\cos\varphi' = \frac{\tau}{\dfrac{\sigma'_1 - \sigma'_3}{2}}$$

$$\tau' = \cos 31.33° \times \frac{365.38 - 115.38}{2} = 106.77\text{kPa}$$

$$\sigma' = \frac{\sigma'_1 + \sigma'_3}{2} - \frac{\sigma'_1 - \sigma'_3}{2} \cdot g\sin\varphi' = \frac{365.38 + 115.38}{2} - \frac{365.38 - 115.38}{2} \times \sin 31.33°$$

$$= 175.38\text{kPa}$$

法向总应力、剪应力：

$$\tau = \frac{1}{2}(\sigma_1 - \sigma_3)\cos 22.62° = \frac{1}{2} \times (450 - 200) \times \cos 22.62° = 115.38\text{kPa}$$

$$\sigma = \frac{\sigma_1 + \sigma_3}{2} - \frac{\sigma_1 - \sigma_3}{2} g\sin 22.62° = \frac{450 + 200}{2} - \frac{450 - 200}{2} \times \sin 22.62° = 276.92\text{kPa}$$

第 6 章　挡土结构物上的土压力习题解析

6-1 墙背垂直光滑的挡土墙，墙高 5m，墙后填土为无黏性土，填土表面水平。填土 $\gamma = 18\text{kN/m}^3$，$\varphi = 40°$，$c = 0$。试分别计算出静止土压力、主动土压力、被动土压力。若墙与土间的摩擦角 $\delta = 20°$，求主动土压力值。

【解析】 参见《土力学》(第 2 版)221 页：静止土压力计算；223 页：朗肯土压力理论；228 页：库仑土压力理论。

(1)①计算土压力系数 K

静止土压力系数：$K_0 = 1 - \sin\varphi' = 1 - \sin40° = 0.357$

主动土压力系数：$K_a = \tan^2\left(45° - \dfrac{\varphi}{2}\right) = \tan^2\left(45° - \dfrac{40°}{2}\right) = 0.217$

被动土压力系数：$K_p = \tan^2\left(45° + \dfrac{\varphi}{2}\right) = \tan^2\left(45° + \dfrac{40°}{2}\right) = 4.6$

②计算墙底处土压力强度 p

静止土压力：$p_0 = K_0\gamma H = 0.357 \times 18 \times 5 = 32.1\text{kPa}$

主动土压力：$p_a = K_a\gamma H = 0.217 \times 18 \times 5 = 19.5\text{kPa}$

被动土压力：$p_p = K_p\gamma H = 4.6 \times 18 \times 5 = 414\text{kPa}$

③计算单位长度上墙的总土压力 E

静止土压力：$E_0 = \dfrac{1}{2}\gamma H^2 K_0 = \dfrac{1}{2} \times 18 \times 5^2 \times 0.357 = 80.3\text{kN/m}$

主动土压力：$E_a = \dfrac{1}{2}\gamma H^2 K_a = \dfrac{1}{2} \times 18 \times 5^2 \times 0.217 = 48.8\text{kN/m}$

被动土压力：$E_p = \dfrac{1}{2}\gamma H^2 K_p = \dfrac{1}{2} \times 18 \times 5^2 \times 4.6 = 1035\text{kN/m}$

三者比较可以看出：$E_a > E_0 > E_p$。

④土压力强度分布如题解 6-1 图所示，总土压力作用点均在距墙底 $\dfrac{H}{3} = \dfrac{5}{3} = 1.67\text{m}$ 处。

(2)若墙与土间的摩擦角 $\delta = 20°$，此时 $\beta = 0°$，$\alpha = 0°$，$\varphi = 40°$。

库仑主动土压力系数

$$K_a = \frac{\cos^2(\varphi - \alpha)}{\cos^2\alpha \cdot \cos(\alpha + \delta)\left[1 + \sqrt{\dfrac{\sin(\varphi + \delta)\cdot \sin(\varphi - \beta)}{\cos(\alpha + \delta)\cdot \cos(\alpha - \beta)}}\right]^2} K_a$$

$$= \frac{\cos^2(40° - 0°)}{\cos^2 0 \cdot \cos(0° + 20°)\left[1 + \sqrt{\dfrac{\sin(40° + 20°)\cdot \sin(40° - 0°)}{\cos(0° + 20°)\cdot \cos(0° - 0°)}}\right]^2} = 0.199$$

$E_a = \frac{1}{2}\gamma H^2 K_a = \frac{1}{2} \times 18 \times 5^2 \times 0.199 = 44.775\text{kN/m}$，$E_a$ 的作用点位置在距墙底。

$\frac{H}{3} = \frac{5}{3} = 1.67\text{m}$ 处，E_a 的作用方向与墙背法线夹角 $\delta = 20°$。

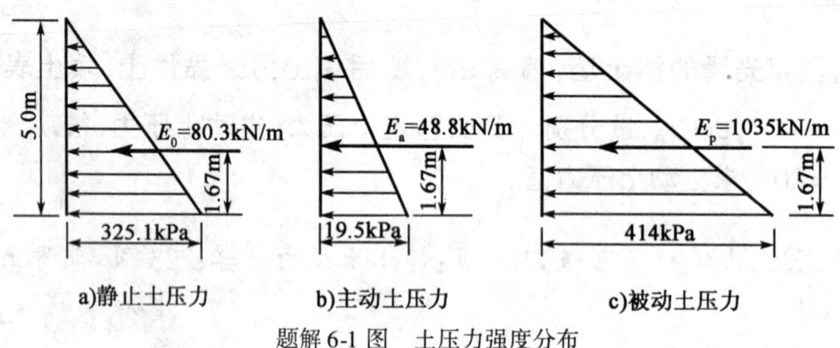

题解 6-1 图 土压力强度分布

6-2 **墙背垂直光滑的挡土墙，墙高 6m，填土表面水平。其上作用有竖向均布荷载 $q = 20\text{kN/m}^2$，填土 $\gamma = 18\text{kN/m}^3$，$c = 16\text{kPa}$，$\varphi = 22°$。求：**

(1)沿墙背主动土压力的分布。

(2)主动土压力合力的大小及在作用点的位置。

(3)填土中可能发生裂缝的深度。

【解析】 参见《土力学》(第 2 版)225 页：朗肯土压力计算(黏性土)。

(1)①主动压力系数 K_a：

主动土压力系数 $K_a = \tan^2\left(45° - \frac{\varphi}{2}\right) = \tan^2\left(45° - \frac{22°}{2}\right) = 0.455$

②计算土压力强度 p：

$z = 0$，$p_{a1} = K_a q - 2c\sqrt{K_a} = 0.455 \times 20 - 2 \times 16 \times \sqrt{0.455} = -12.485\text{kPa}$

$z = z_0$，即 $p_a = 0$，$K_a q + K_a \gamma z_0 - 2c\sqrt{K_a} = 0$，$z_0 = \frac{2c}{\gamma\sqrt{K_a}} - \frac{q}{\gamma}$

$z_0 = \frac{2c}{\gamma\sqrt{K_a}} - \frac{q}{\gamma} = \frac{2 \times 16}{18 \times \sqrt{0.455}} - \frac{20}{18} \Rightarrow z_0 = 1.524\text{m}$

$z = 6\text{m}$，$p_{a2} = K_a q + K_a \gamma z - 2c\sqrt{K_a} = 0.455 \times 20 + 0.455 \times 18 \times 6 - 2 \times 16 \times \sqrt{0.455}$
$= 36.655\text{kPa}$

(2)计算单位长度上墙的总土压力 E

$E_a = \frac{1}{2}\gamma(H - z_0)^2 K_a = \frac{1}{2} \times 18 \times (6 - 1.524)^2 \times 0.217 = 82.033\text{kN/m}$

E_a 作用点位于墙底以上$\frac{(H-z_0)}{3}=\frac{6-1.524}{3}=1.492\text{m}$

(3)填土可能发生裂缝的深度

$z_0=1.524\text{m}$

6-3　**某重力式挡土墙，墙背倾角 $\alpha=15°$，墙背与填土的摩擦角 $\delta=20°$；回填砂土 $\gamma=18\text{kN/m}^3$，$\varphi=40°$。填土的表面成折线，如右图所示，试用库尔曼图解法求出主动土压力值，并确定总主动土压力 E_a 的作用点和方向。**

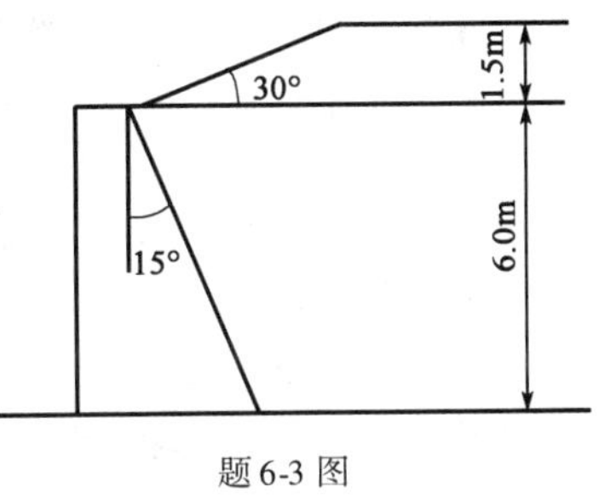

题6-3图

【解析】　参见《土力学》(第2版)233页：图解法。

库仑理论讨论了 $c=0$ 的无黏性土的土压力问题，而且要求填土面为平面，所以当填土为$c\neq0$的黏性土或填土面不是平面，而是任意折线或曲线形状时，库仑公式不能应用，这种情况可以用库仑图解法求解土压力。

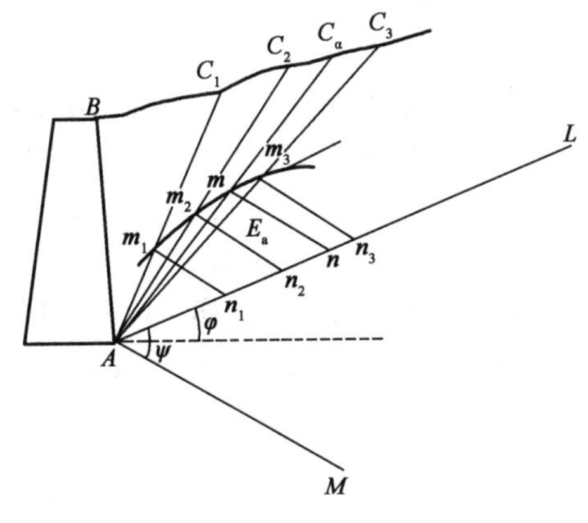

题解6-3图

(1)过 A 点作两条辅助线，一条为 AL，令其与水平线成夹角 $\varphi=40°$，代表矢量 $\boldsymbol{W}$ 的方向；另一条为 AM，与 AL 线成夹角 $\psi=90°-\alpha-\delta=90°-15°-20°=55°$，代表矢量 $\boldsymbol{E}$ 的方向。

(2)任意假定一滑动面 AC_1，假定 C_1 为地面以上填土折线的交点，则可以算出楔体 ABC_1 的重量 W_1，$AB=\frac{6}{\cos15°}=6.21\text{m}$，$BC_1=\frac{1.5}{\sin30°}=2.0\text{m}$，则 $W_1=\frac{1}{2}\times3\times6.21\times\sin105°\times1.0\times18=161.957\text{kN/m}$；并按一定的比例在 AL 线上截取 An_1 代表 W_1，自 n_1 点作 AM 的平行线交滑动面于 m_1 点，则 Δm_1n_1A 即为滑动土体 ABC_1 的闭合的力三角形，m_1n_1 的长度就等于滑动面为 AC_1 时的土压力 E_1。

(3)同理，再任意假定其他滑动面 AC_2，AC_3，……求得 n_2、n_3 各点，并得出 m_2n_2、m_3n_3 等线。

(4)连接 m_1、m_2、m_3 各点得一曲线，此线称为库尔曼线。作该曲线与 AL 平行的切线，得切点 m，过切点 m 引 AM 平行线交 AL 于 n，线段$\overline{mn}$就是所求的主动土压力 E_a。

(5)连接$\overline{Am}$,并延长与填土面交于C_a,则$\overline{AC_a}$即为真正的滑动面。

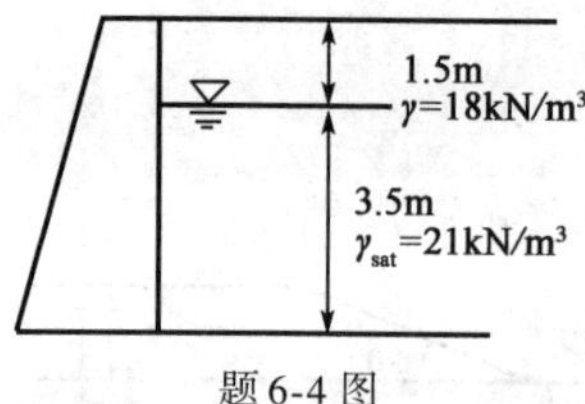

题6-4图

6-4 如图表示一垂直墙背的挡土墙,墙高5m,填土表面水平,地下水位在地面以下1.5m处。填土的水上重度$\gamma=18\text{kN/m}^3$,水下重度$\gamma_{sat}=21\text{kN/m}^3$,水位上下均为墙背,墙背与填土间的摩擦角$\delta=20°$,内摩擦角$\varphi=36°$,黏聚力$c=0$。试绘出主动土压力及水压力沿高度的分布图。

【解析】 参见《土力学》(第2版)221页:静止土压力计算;223页:朗肯土压力理论;228页:库仑土压力理论。

(1)土压力分布

墙背与填土间的摩擦角$\delta=20°,\beta=0°,\alpha=0°,\varphi=36°$。

库仑主动土压力系数

$$K_a=\frac{\cos^2(\varphi-\alpha)}{\cos^2\alpha\cdot\cos(\alpha+\delta)\left[1+\sqrt{\dfrac{\sin(\varphi+\delta)\cdot\sin(\varphi-\beta)}{\cos(\alpha+\delta)\cdot\cos(\alpha-\beta)}}\right]^2}$$

$$=\frac{\cos^2(36°-0°)}{\cos^2 0°\cdot\cos(0°+20°)\left[1+\sqrt{\dfrac{\sin(36°+20°)\cdot\sin(36°-0°)}{\cos(0°+20°)\cdot\cos(0°-0°)}}\right]^2}=0.235$$

$z=0,p_{a1}=0$

$z=1.5,p_{a2}=K_a\gamma z_1=0.235\times18\times1.5=6.345\text{kPa}$

$z=3.5\text{m},p_{a3}=K_a[\gamma z_1+\gamma'(z_2-z_1)]=0.235\times[18\times1.5+11\times(5-1.5)]=15.39\text{kPa}$

p_a沿墙高呈三角形分布,这种分布形式只表示土压力大小。

(2)水压力分布

$z=0,p_{w1}=0$

$z=1.5,p_{w2}=0$

$z=3.5\text{m},p_{w3}=10\times3.5=35\text{kPa}$

6-5 挡土墙断面如图所示,墙高6m,墙后填土水平,填土面作用有$q=10\text{kN/m}^2$的连续均布荷载。填土为中砂,$\gamma=17.2\text{kN/m}^3,\varphi=30°,\delta=30°$。求作用于墙背上总土压力的大小、方向和作用点。

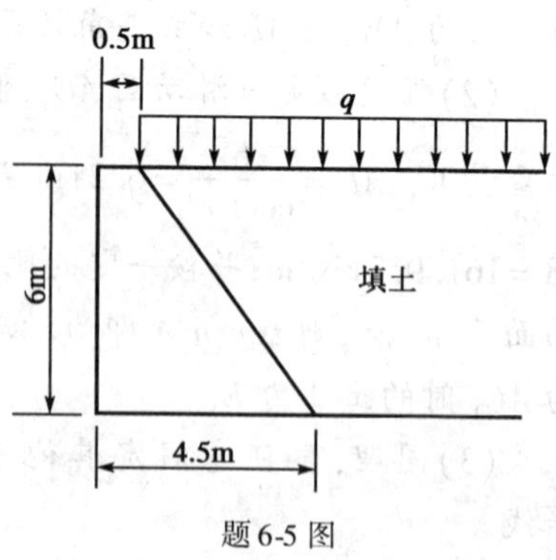

题6-5图

【解析】 参见《土力学》(第2版)236页:坦墙的土压力计算。

墙后填土水平,填土为中砂,$\alpha=\arctan\dfrac{4}{6}=33.69°>\alpha_{cr}=45°-\dfrac{1}{2}\times30°=30°$,所以是坦墙。

用朗肯土压力理论计算。

$K_a=\tan^2\left(45°-\frac{\varphi}{2}\right)=\tan^2\left(45°-\frac{30°}{2}\right)=0.33$

$z=0, p_{a1}=K_a q=0.33\times10=3.3\text{kPa}$

$z=6\text{m}, p_{a2}=K_a q+\gamma z K_a=0.33\times10+17.2\times6\times0.33=37.356\text{kPa}$

$E_a=\frac{1}{2}(p_{a1}+p_{a2})H=\frac{1}{2}\times(3.3+37.356)^2\times6=121.968\text{kN/m}$

三角形土体(包括均布荷载)的重力 $W=\frac{1}{2}\times4\times6\times17.2+10\times4=246.4\text{kN/m}$

则墙背总土压力 $E_{总}=\sqrt{E_a^2+W^2}=\sqrt{121.968^2+246.4^2}=274.93\text{kN/m}$

墙背总土压力与水平面的夹角 $\psi=\arctan\frac{246.4}{121.968}=63.66°$

方法一:求解总土压力的作用点:令作用点与挡土墙底部的距离为 h,延长作用线与挡土墙底部交点为 D,脚趾为 B。

则 $BD=h\tan(90°-63.66°)+h\tan33.69°=1.165h$,$E_{总}$ 的作用线与 O 点的距离为

$\sin63.66°=\frac{a}{4.5-1.165h}\Rightarrow a=4.032-1.044h$

根据力矩平衡(研究三角形土体):

$274.93\times(4.032-1.044h)+3.3\times6\times3+\frac{1}{2}\times(37.356-3.3)\times6\times2=10\times4\times2.5+\frac{1}{2}\times4\times6\times17.2\times(4.5-1.33)$

$h=2.153\text{m}$

方法二:以脚趾 B 点为矩心,作用点与挡土墙底部的距离为 h,根据 B 点力矩平衡:

$121.968\text{h}+246.4\times0.67\text{h}=10\times4\times2+206.4\times\frac{4}{3}+3.3\times6\times3+\frac{1}{2}\times34.056\times6\times2$

$h=2.16\text{m}$

6-6 砂土地基上混凝土重力式挡土墙,墙高 8m,断面如图所示。墙背光滑,墙后填土性质和地下水位如图所示。混凝土重度为 24kN/m^3,与地基土间的摩擦系数 $f=0.5$。计算挡土墙的抗滑稳定安全系数。如果安全系数达不到要求的 $F_s=1.3$,提出增加稳定性的措施。

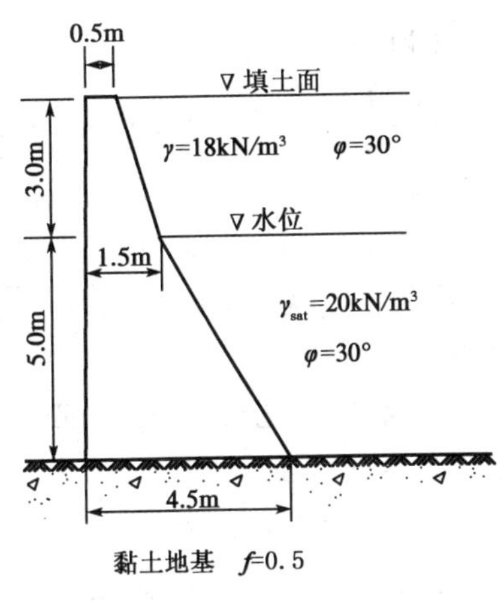

题 6-6 图

【解析】 方法一:参见《土力学》(第 2 版)228 页:库仑土压力理论;244 页:填土表面有荷载作用。考虑黏土地基为不透水层。

(1)分析 0~3m 处挡墙所受的主动土压力 E_{a1}

墙与土间的摩擦角 $\delta=0°$,$\beta=0°$,$\alpha=\arctan\frac{1}{3}=18.43°$,$\varphi=30°$

库仑主动土压力系数

$$K_a = \frac{\cos^2(\varphi-\alpha)}{\cos^2\alpha \cdot \cos(\alpha+\delta)\left[1+\sqrt{\frac{\sin(\varphi+\delta)\cdot\sin(\varphi-\beta)}{\cos(\alpha+\delta)\cdot\cos(\alpha-\beta)}}\right]^2}$$

$$K_{a1} = \frac{\cos^2(30°-18.43°)}{\cos^2 18.43° \cdot \cos(18.43°+0°)\left[1+\sqrt{\frac{\sin(30°+0°)\cdot\sin(30°-0°)}{\cos(18.43°+0°)\cdot\cos(18.43°-0°)}}\right]^2} = 0.482$$

$E_{a1} = \frac{1}{2}\gamma H^2 K_{a1} = \frac{1}{2}\times 18\times 3^2\times 0.482 = 39.042\text{kN/m}$，$E_{a1}$ 的作用点位置在距水位线 $\frac{H}{3} = \frac{3}{3} = 1.0\text{m}$ 处，E_a 的作用方向与水平线夹角 $\delta+\alpha = 0°+18.43° = 18.43°$。

$E_{a1x} = 39.042\times\cos 18.43° = 37.04\text{kN/m}$，$E_{a1y} = 39.042\times\sin 18.43° = 12.34\text{kN/m}$

(2)分析 3～5m 处挡墙所受的主动土压力 E_{a2}

墙与土间的摩擦角 $\delta = 0°$，$\beta = 0°$，$\alpha = \arctan\frac{3}{5} \approx 31°$，$\varphi = 30°$，$q = 18\times 3 = 54\text{kPa}$

$$K_{a2} = \frac{\cos^2(30°-31°)}{\cos^2 31° \cdot \cos(31°+0°)\left[1+\sqrt{\frac{\sin(30°+0°)\cdot\sin(30°-0°)}{\cos(31°+0°)\cdot\cos(31°-0°)}}\right]^2} = 0.633$$

$$E_{a2} = \frac{1}{2}\gamma H^2 K_{a2} + qHK_{a2}\frac{\cos\alpha}{\cos(\alpha-\beta)} = \frac{1}{2}\times 10\times 5^2\times 0.633 + 54\times 5\times 0.633\times\frac{\cos 31°}{\cos(31°-0°)} = 250\text{kN/m}$$

E_{a2} 的作用方向与水平线夹角 $\delta+\alpha = 0°+31° = 31°$

$E_{a2x} = 250\times\cos 31° = 214.29\text{kN/m}$，$E_{a2y} = 250\times\sin 31° = 128.76\text{kN/m}$

(3)水产生的压力

$E_w = \frac{1}{2}\times 10\times 5\times\sqrt{5^2+3^2} = 145.77\text{kN/m}$，$E_w$ 的作用方向与水平线夹角 31°。

$E_{wx} = 145.77\times\cos 31° = 124.95\text{kN/m}$，$E_{wy} = 145.77\times\sin 31° = 75.08\text{kN/m}$

(4)挡土墙自重 W

$$W = \left[\frac{1}{2}\times(0.5+1.5)\times 3 + \frac{1}{2}\times(4.5+1.5)\times 5\right]\times 24 = 432\text{kN/m}$$

(5)挡土墙的抗滑稳定安全系数

$F_s = \frac{(W+E_{a1y}+E_{a2y}+E_{wy})\cdot f}{E_{a1x}+E_{a2x}+E_{wx}} = \frac{(432+12.34+128.76+75.08)\times 0.5}{37.04+214.29+124.95} = 0.86 < 1.3$，应采取措施增加稳定性。

方法二：参见《土力学》(第 2 版)228 页：库仑土压力理论；247 页：折线形墙背。考虑黏土地基为不透水层。

(1)分析 0～3m 处挡墙所受的主动土压力 E_{a1}

墙与土间的摩擦角 $\delta = 0°$，$\beta = 0°$，$\alpha = \arctan\frac{1}{3} = 18.43°$，$\varphi = 30°$

库仑主动土压力系数

$$K_a=\frac{\cos^2(\varphi-\alpha)}{\cos^2\alpha\cdot\cos(\alpha+\delta)\left[1+\sqrt{\dfrac{\sin(\varphi+\delta)\cdot\sin(\varphi-\beta)}{\cos(\alpha+\delta)\cdot\cos(\alpha-\beta)}}\right]^2}$$

$$K_{a1}=\frac{\cos^2(30°-18.43°)}{\cos^2 18.43°\cdot\cos(18.43°+0°)\left[1+\sqrt{\dfrac{\sin(30°+0°)\cdot\sin(30°-0°)}{\cos(18.43°+0°)\cdot\cos(18.43°-0°)}}\right]^2}=0.482$$

$E_{a1}=\frac{1}{2}\gamma H^2K_{a1}=\frac{1}{2}\times18\times3^2\times0.482=39.042\text{kN/m}$，$E_{a1}$ 的作用点位置在距水位线 $\frac{H}{3}=\frac{3}{3}=1.0\text{m}$ 处，E_a 的作用方向与水平线线夹角 $\delta+\alpha=0°+18.43°=18.43°$。

$E_{a1x}=39.042\times\cos18.43°=37.04\text{kN/m}$，$E_{a1y}=39.042\times\sin18.43°=12.34\text{kN/m}$

(2)分析 3～5m 处挡墙所受的主动土压力 E_{a2}

墙与土间的摩擦角 $\delta=0°$，$\beta=0°$，$\alpha=\arctan\frac{3}{5}\approx31°$，$\varphi=30°$

$$K_{a2}=\frac{\cos^2(30°-31°)}{\cos^2 31°\cdot\cos(31°+0°)\left[1+\sqrt{\dfrac{\sin(30°+0°)\cdot\sin(30°-0°)}{\cos(31°+0°)\cdot\cos(31°-0°)}}\right]^2}=0.633$$

土层交界处的库仑主动土压力：$p_{a1}=18\times3\times0.633=34.182\text{kPa}$

挡土墙底的库仑主动土压力：$p_{a2}=(18\times3+10\times5)\times0.633=65.832\text{kPa}$

$E_{a2}=\frac{1}{2}\times(p_{a1}+p_{a2})\times5=\frac{1}{2}\times(34.182+65.832)\times5=250\text{kN/m}$

E_{a2} 的作用方向与水平线夹角 $\delta+\alpha=0°+31°=31°$。

$E_{a2x}=250\times\cos31°=214.29\text{kN/m}$，$E_{a2y}=250\times\sin31°=128.76\text{kN/m}$

(3)水产生的压力

$E_w=\frac{1}{2}\times10\times5\times\sqrt{5^2+3^2}=145.77\text{kN/m}$，$E_w$ 的作用方向与水平线夹角成 30°。

$E_{wx}=145.77\times\cos31°=124.95\text{kN/m}$，$E_{wy}=145.77\times\sin31°=75.08\text{kN/m}$

(4)挡土墙自重 W

$$W=\left[\frac{1}{2}\times(0.5+1.5)\times3+\frac{1}{2}\times(4.5+1.5)\times5\right]\times24=432\text{kN/m}$$

(5)挡土墙的抗滑稳定安全系数

$F_s=\frac{(W+E_{a1y}+E_{a2y}+E_{wy})\cdot f}{E_{a1x}+E_{a2x}+E_{wx}}=\frac{(432+12.34+128.76+75.08)\times0.5}{37.04+214.29+124.95}=0.86<1.3$，应采取措施增加稳定性。

6-7 如图所示，在某基坑的支护结构之后存在既有建筑物的基础，基坑深度 $H=18\text{m}$，地基土 $\gamma=18\text{kN/m}^3$，$\varphi=30°$，$c=0°$。如果假设墙土间摩擦角 $\delta=0°$，计算墙与基础侧壁不同距离 $b=5\text{m}$、7m、9m 和 11m 时 18m 深度内的主动土压力。

【解析】 参见《土力学》(第 2 版)248 页：墙后滑动面受限时的土压力。当挡土墙后土体

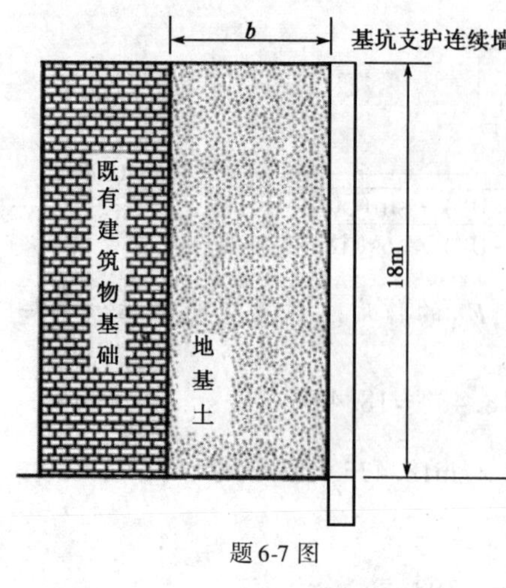

题6-7图

处于极限平衡状态时,破裂面与水平面的夹角为 $45°+\frac{\varphi}{2}=45°+\frac{30°}{2}=60°$,此时 $b_{cr}=\frac{18}{\tan60°}=10.39\text{m}$

(1)当 $b=5\text{m}<b_{cr}$ 时,滑动楔体 $W=\frac{1}{2}\times18\times5\times18=810\text{kN}$

$$E_a=W\tan(90°-30°-15.5°)=810\times\tan44.5°=795.98\text{kN}$$

(2)当 $b=7\text{m}<b_{cr}$ 时,滑动楔体 $W=\frac{1}{2}\times18\times7\times18=1134\text{kN}$

$$E_a=W\tan(90°-30°-21.25°)=1134\times\tan38.75°=910.13\text{kN}$$

(3)当 $b=9\text{m}<b_{cr}$ 时,滑动楔体 $W=\frac{1}{2}\times18\times9\times18=1458\text{kN}$

$$E_a=W\tan(90°-30°-26.565°)=1458\times\tan33.435°=962.65\text{kN}$$

(4)当 $b=11\text{m}>b_{cr}$ 时,$K_a=\tan^2(45°-\frac{\varphi}{2})=\tan^2\left(45°-\frac{30°}{2}\right)=\frac{1}{3}$

$$E_a=\frac{1}{2}\gamma H^2K_a=\frac{1}{2}\times18\times18^2\times\frac{1}{3}=972\text{kN}$$

第 7 章　土坡稳定分析习题解析

7-1　如图所示，无黏性土坡的坡角 $\alpha=20°$，土的内摩擦角 $\varphi=32°$，浮重度 $\gamma=10\text{kN/m}^3$，地基为不透水层，若渗流逸出段的水流方向平行于地面，求该段土坡的稳定安全系数。

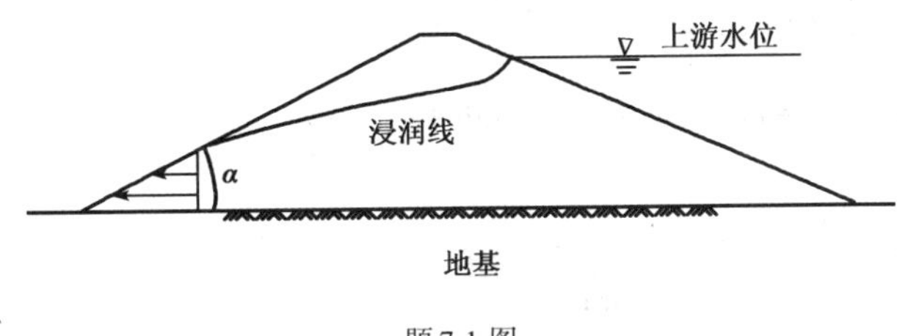

题 7-1 图

【解析】　参见《土力学》(第 2 版)258 页：有渗透水流的均质土坡。

渗透坡降 $i=\dfrac{\Delta h}{l}=\tan\alpha$

单位渗透力 $j=\gamma_w i=10\tan\alpha$

总渗透力 $J=Vj=\gamma_w\tan\alpha\cdot V$

安全系数

$$F_s=\frac{(W\cos\alpha-J\sin\alpha)\tan\varphi}{W\sin\alpha+J\cos\alpha}=\frac{(\gamma' V\cos\alpha-\gamma_w iV\sin\alpha)\tan\varphi}{\gamma' V\sin\alpha+\gamma_w V\cos\alpha}=\frac{(10\times\cos20°-10\times\tan20°\times\sin20°)\times\tan32°}{10\times\sin20°+10\times\tan20°\times\cos20°}$$

$=0.745$

7-2　无限黏土坡如图所示，坡角 $\alpha=20°$，土的重度 $\gamma=16\text{kN/m}^3$，$\varphi=20°$，$c=15\text{kPa}$。土与基岩间的摩擦角 $\delta=15°$，黏聚力 $c=10\text{kPa}$，问土坡处于临界状态(安全系数为 1.0)时，土坡的坡高 H 为多少？

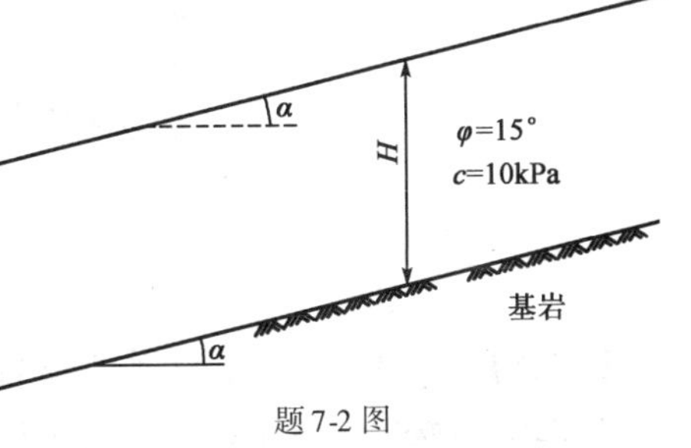

题 7-2 图

【解析】　参见《土力学》(第 2 版)257 页：无黏性土坡稳定分析。从无限长坡中截取单位宽土柱进行稳定分析，由于是无限长的土坡，单位宽土柱的安全系数与全坡相同。

分两种情况进行讨论,确定土坡滑动的位置。

(1)土坡在土体内部发生滑动

滑动力:$T = W\sin\alpha = 16Hb\sin\alpha$

抗滑力:$R = W\cos\alpha\tan\varphi + c_1 l = 16Hb\cos\alpha\tan\varphi + c_1\dfrac{b}{\cos\alpha}$

安全系数:$F_s = \dfrac{R}{T} = \dfrac{16Hb\cos\alpha\tan\varphi + c_1\dfrac{b}{\cos\alpha}}{16Hb\sin\alpha}$

当安全系数等于1.0时,$1.0 = \dfrac{16\times H\times 1.0\times\cos20°\tan20° + 15\times\dfrac{1.0}{\cos20°}}{16\times H\times 1.0\times\sin20°} \Rightarrow H = \infty$,即在黏性土体内不会发生滑动。

(2)土坡在土与基岩交界面发生滑动

滑动力:$T = W\sin\alpha = 16Hb\sin\alpha$

抗滑力:$R = W\cos\alpha\tan\delta + c_2 l = 16Hb\cos\alpha\tan\delta + c_2\dfrac{b}{\cos\alpha}$

安全系数:$F_s = \dfrac{R}{T} = \dfrac{16Hb\cos\alpha\tan\delta + c_2\dfrac{b}{\cos\alpha}}{16Hb\sin\alpha}$

当安全系数等于1.0时,$1.0 = \dfrac{16\times H\times 1.0\times\cos20°\tan15° + 10\times\dfrac{1.0}{\cos20°}}{16\times H\times 1.0\times\sin20°} \Rightarrow H = 7.37\text{m}$

7-3 无限土坡如图所示,地下水沿坡面方向渗流。坡高 $H=4\text{m}$,坡角 $\alpha=20°$,土的颗粒比重 $G_s=2.65$。孔隙比 $e=0.70$,与基岩接触面的摩擦角 $\delta=15°$,黏聚力 $c=15\text{kPa}$,求土坡沿界面滑动的稳定安全系数 F_s。

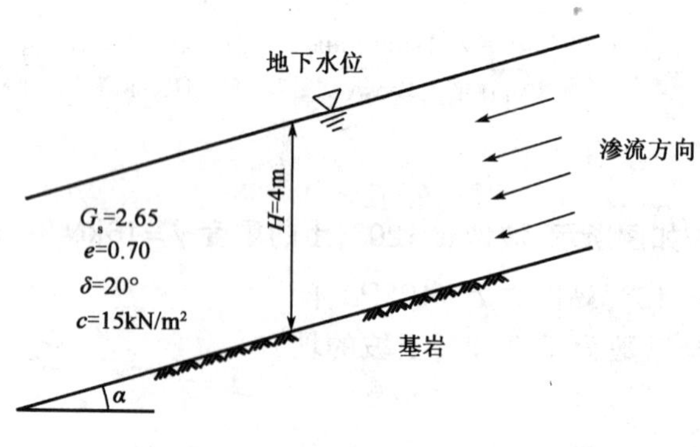

题 7-3 图

【解析】 参见《土力学》(第2版)257页:无黏性土坡稳定分析。

从无限长坡中截取单位宽土柱进行稳定分析,由于是无限长的土坡,单位宽土柱的安全系数与全坡相同。

土坡在土与基岩交界面发生滑动

$$\gamma_{sat}=\frac{G_s+e}{1+e}\gamma_w=\frac{2.65+0.7}{1+0.7}\times10=19.71\text{kN/m}^3$$

渗透坡降：$i=\frac{\Delta h}{l}=\sin\alpha$

单位渗透力：$j=\gamma_w i=10\sin\alpha$

总渗透力：$J=Vj=\gamma_w\sin\alpha\cdot V$

滑动力：$T=W\sin\alpha+J=9.71Hb\sin\alpha+10\sin\alpha\cdot Hb$

抗滑力：$R=W\cos\alpha\tan\delta+c_2 l=9.71Hb\cos\alpha\tan\delta+c_2\frac{b}{\cos\alpha}$

安全系数：$F_s=\frac{R}{T}=\frac{9.71Hb\cos\alpha\tan\delta+c_2\frac{b}{\cos\alpha}}{9.71Hb\sin\alpha+10\sin\alpha\cdot Hb}$

$$F_s=\frac{R}{T}=\frac{9.71\times4\times1.0\times\cos20^\circ\times\tan15^\circ+15\times\frac{1.0}{\cos20^\circ}}{9.71\times4\times1.0\times\sin20^\circ+10\times\sin20^\circ\times4\times1.0}=0.955$$

7-4 土坝的横断面如图所示，上游坡为黏土斜墙，压实填土重度 $\gamma=19.6\text{kN/m}^3$。土体强度指标与界面一致。若斜墙与砂砾石料和地基的接触面的摩擦角 $\delta=18^\circ$，黏聚力 $c=5\text{kPa}$。求黏土斜墙沿接触面 ABC 滑动的安全系数 F_s。

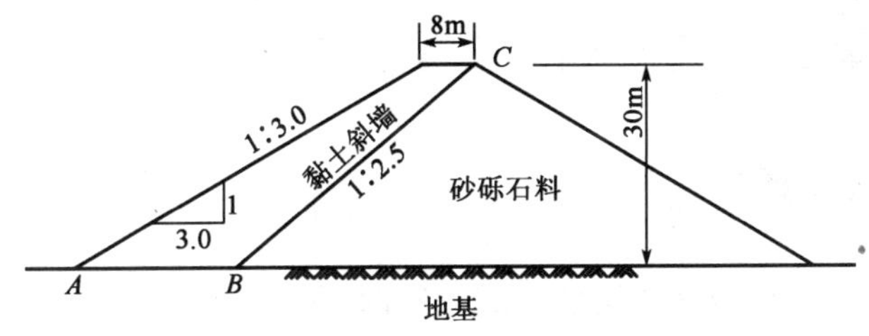

题7-4图

【解析】 参见《土力学》(第2版)261页：部分浸水土坡—不平衡推力传递法。

沿 B 点作垂线 BD，将黏土斜墙分成上下两部分，它们作用于滑动面上的正压力分别为 N_1、N_2，设两段土体的抗滑安全系数相同，在 BD 面作用块间力 P_1，且 P_1 平行于 BC。

$$\alpha_{上}=\arctan\frac{1}{2.5}=21.8,\alpha_{下}=0$$

$$AB=3\times30+8-2.5\times30=23\text{m},\frac{H}{BC}=\sin\alpha_{上}\Rightarrow BC=\frac{30}{\sin21.8^\circ}=80.78\text{m}$$

黏性土墙总重 $W=\frac{1}{2}\times(8+23)\times30\times19.6=9114\text{kN/m}$

沿 B 点作垂线 BD，将黏土斜墙分成上下两部分：

下部分黏土墙土重 $W_{下}=\frac{1}{2}\times\frac{23}{3}\times 23\times 19.6=1728\text{kN/m}$

上部分黏土墙土重 $W_{上}=W-W_{下}=9114-1728=7386\text{kN/m}$

考虑上部分滑块在滑动面 BC 上的极限平衡，传递下来的推力 P_1：

$$P_1=W_{上}\sin\alpha_{上}-\frac{W_{上}\cos\alpha_{上}\tan\delta+cgBC}{F_s}=7386\times\sin21.8°-\frac{7386\times\cos21.8°\tan18°+5\times80.78}{F_s}$$

$$=2742.92-\frac{2632}{F_s}$$

然后考虑下面滑块沿滑动面 AB 的抗滑稳定性，将 P_1 与下滑块重量 $W_{下}$ 沿滑动面 AB 的切向和法向分解，考虑下滑块沿滑动面 AB 的极限平衡条件，得到下滑块的抗滑稳定安全系数：

$$F_s=\frac{[P_1\sin(\alpha_{上}-\alpha_{下})+W_{下}\cos\alpha_{下}]\tan\delta}{P_1\cos(\alpha_{上}-\alpha_{下})+W_{下}\sin\alpha_{下}}=\frac{\left[\left(2742.92-\frac{2632}{F_s}\right)\sin21.8°+1728\times1.0\right]\times\tan18°}{\left(2742.92-\frac{2632}{F_s}\right)\cos21.8°}$$

利用迭代法可以求出 F_s。

7-5　**在天然重度 $\gamma=18\text{kN/m}^3$，$\varphi=25°$，$c=8\text{kPa}$ 的土层中放坡开挖基坑，基坑深度 $H=10\text{m}$，问极限坡角 α 多大？若以 1:0.5 的坡度开挖，极限开挖深度多大？**

【解析】　参见《土力学》(第 2 版)275 页：边坡稳定分析图解法。

(1)稳定数：$N=\frac{c}{\gamma H}=\frac{8}{18\times10}=0.044$，根据 N、φ 值，查教材中图 7-24，可知极限坡角 $\alpha=46°$。

(2)$\alpha=\arctan\frac{1}{0.5}=63.43°$，根据 α、φ 值，查教材中图 7-24，可知 $N=0.083$。

$$H=\frac{c}{\gamma N}=\frac{8}{19.6\times0.083}=5.35\text{m}$$

7-6　**在验算淤泥土地基中基坑坑底隆起时，可采用如图所示圆弧滑动面的整体圆弧法计算，已知 $c_u=30\text{kPa}$，极限荷载 q_u 是多少？**

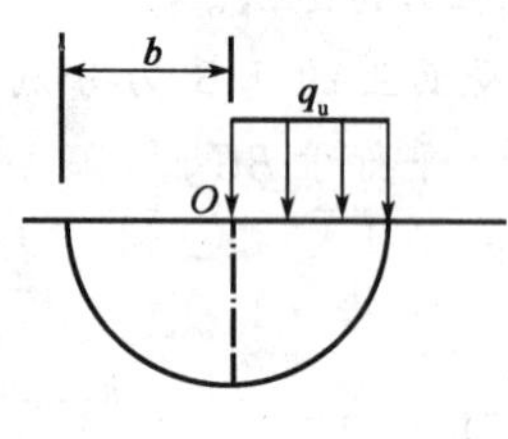

题 7-6 图

【解析】　参见《土力学》(第 2 版)262 页：整体圆弧滑动法。

淤泥土 $\varphi_u=0$，根据整体圆弧滑动法，利用静力平衡，对圆心 O 取矩。

$$q_u b\cdot\frac{b}{2}=\frac{1}{2}\pi\cdot 2b\cdot c_u b\Rightarrow q_u=2\pi c_u=2\times3.14\times30=188.4\text{kPa}$$

第 8 章　地基承载力习题解析

8-1　试根据式(8-1)和题 8-1 图分析：

公式(8-1)，$p_u = \frac{\gamma b}{2} N_\gamma + cN_c + qN_q$

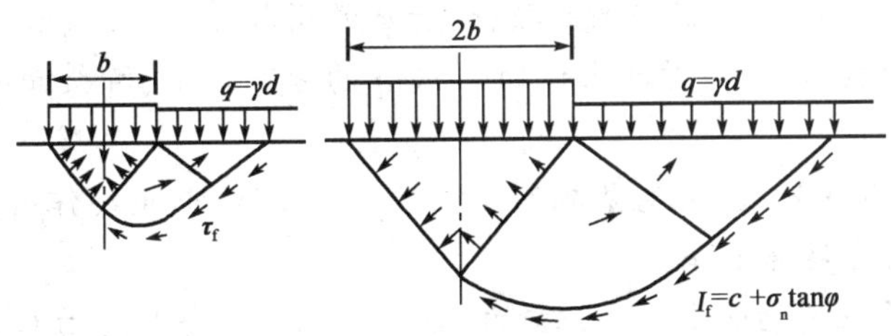

a)基础宽度对挤出土体体积的影响

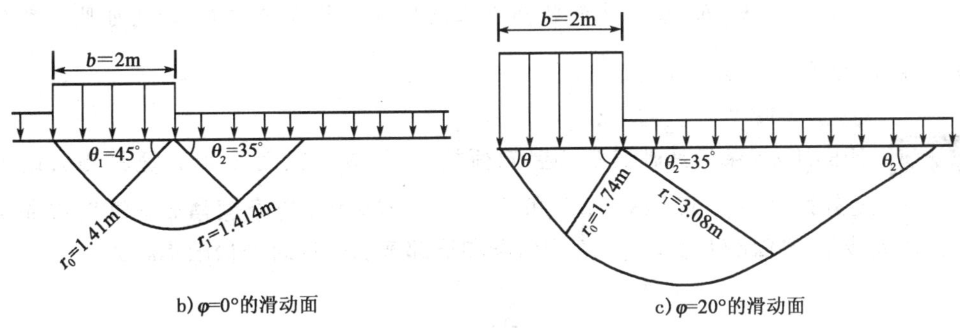

b) φ=0°的滑动面　　c) φ=20°的滑动面

题 8-1 图　地基承载力的影响因素

(1)基础宽度 b、基础埋深 d 和黏聚力 c 对承载力影响的机理。3 个极限承载力系数与内摩擦角 φ 有何关系？

(2)砂土地基为什么埋深不宜太浅？

(3)为什么基础的宽度增加，地基的极限承载力会增加？

【解析】　参见《土力学》(第 2 版)305 页：地基承载力机理及其公式的一般形式。

(1)对于条形基础，地基承载力由 3 部分组成，式(8-1)可以表示为 $p_u = p_{u\gamma} + p_{uc} + p_{uq}$

①对于基础宽度 b:由滑动土体自重产生的承载力 $p_{u\gamma}$。

滑动土体的自重在滑动面上产生正应力,当 $\varphi>0$ 时,将会在滑动面上产生摩擦阻力,成为承载力的重要组成部分。这种摩擦阻力正比于滑动土体的体积,当滑动面形状不变时,产生的总承载力 $bp_{u\gamma}=\dfrac{1}{2}N_\gamma\gamma b^2$,由于平面状态下土的体积与长度平方成正比,可见这部分总承载力 $bp_{u\gamma}$是 b^2 的函数,所以单位承载力 $p_{u\gamma}$是 b 的线性函数。

②对于基础埋深 d:由基底以上两侧超载产生的承载力 p_{uq}。

这部分抗力有两方面的贡献:一是它作用于与基底齐平的假想地面上,滑动土体企图隆起时,必须同时将它抬起;第二个作用是它压在滑动面上也会产生正应力和摩阻力,组成承载力的一部分。$p_{uq}=\gamma dN_q$,可知 p_{uq}随 d 的增加线性增加,并与侧面荷载大小、荷载分布范围(滑动面的形状)有关,而滑动面的形状与 φ 有关,N_q 是 φ 的函数。

③对于黏聚力 c:滑动面上的黏聚力产生的承载力 p_{uc}。

$p_{uc}=cN_c$,随 c 的增加呈线性增加,与黏聚力 c 和滑裂面长度(滑裂面形状)有关,而滑动面的形状与 φ 有关,N_c 是 φ 的函数。

④内摩擦角 φ:N_γ、N_q、N_c 是 φ 的递增函数,随着 φ 的增加,p_u 随之增加,因为 φ 影响滑裂面形状的大小、承载力因数的大小、滑动土体的体积、q 的分布范围、滑裂面的大小,因而选择好的持力层是十分重要的。

(2)对于砂土地基,其中 $c=0$,此时基础的埋深对 $p_{uq}=\gamma dN_q$ 起重要作用,若此时基础埋深太浅,地基的极限承载力会显著下降。

(3)滑动土体的自重在滑动面上产生正应力,当 $\varphi>0$ 时,将会在滑动面上产生摩擦阻力,成为承载力的重要组成部分。这种摩擦阻力正比于滑动土体的体积,当滑动面形状不变时,产生的总承载力 $bp_{u\gamma}=\dfrac{1}{2}N_\gamma\gamma b^2$,由于平面状态下土的体积与长度平方成正比,可见这部分总承载力 $bp_{u\gamma}$是 b^2 的函数,所以单位承载力 $p_{u\gamma}$是 b 的线性函数。

8-2 **如图所示,条形基础受中心竖向荷载作用,基础宽度 2.4m,埋深 2m,地下水位上、下土的重度分别为 $\gamma=18.4\text{kN/m}^3$ 和 $\gamma=19.2\text{kN/m}^3$,内摩擦角 $\varphi=20°$,黏聚力 $c=8\text{kPa}$,试用太沙基公式比较地基整体剪切破坏和局部剪切破坏时的极限承载力。**

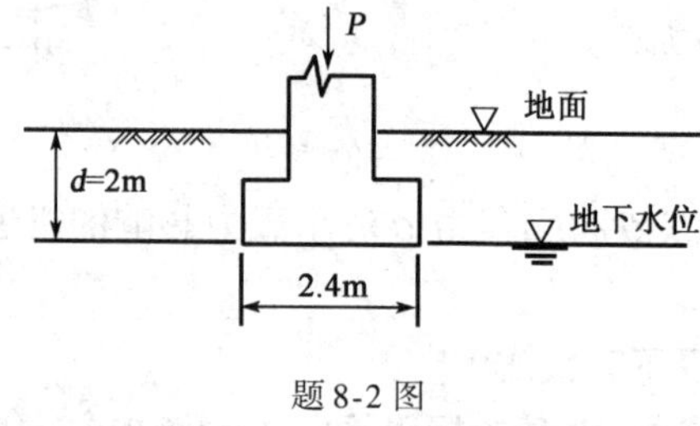

题 8-2 图

【解析】 参见《土力学》(第 2 版)298 页:基础下形成刚性核时地基的极限承载力公式——太沙基公式。

(1)整体剪切破坏

$q=\gamma d=18.4\times 2=36.8\text{kPa}, c=8\text{kPa}, \varphi=20°, b=2.4\text{m}$

查教材中表 8-11 得：$N_\gamma=5, N_q=7.5, N_c=18$

按照太沙基极限承载力公式：$p_u=\dfrac{\gamma b}{2}N_\gamma+cN_c+qN_q$

$$p_u=\frac{(19.2-10)\times 2.4}{2}\times 5+8\times 18+36.8\times 7.5=475.2\text{kPa}$$

(2)局部剪切破坏

$q=\gamma d=18.4\times 2=36.8\text{kPa}, c=8\text{kPa}, \varphi=20°, b=2.4\text{m}$

查教材中表 8-11 得：$N'_\gamma=1.5, N'_q=4.0, N'_c=13$

根据太沙基公式：$p_u=\dfrac{\gamma b}{2}N'_\gamma+\bar{c}N'_c+qN'_q$，其中 $\bar{c}=\dfrac{2}{3}c=\dfrac{2}{3}\times 8=\dfrac{16}{3}$

$$p_u=\frac{(19.2-10)\times 2.4}{2}\times 1.5+\frac{16}{3}\times 13+36.8\times 4.0=233.09\text{kPa}$$

8-3　一栋 16 层的楼房底板尺寸为 20m×30m，底板放置在均匀的黏性土层上。埋深 $d=3\text{m}$，黏性土的天然密度 $\rho=2.0\text{g/cm}^3$。现场原位十字板测定平均抗剪强度 $\tau_f=c_u=60\text{kPa}$，室内用重塑土做无侧限抗压强度试验测得 $q_u=40\text{kPa}$。设计基底压力为 200kPa，分别用普朗德尔—瑞斯纳公式和太沙基公式计算极限承载力，问地基的承载力安全系数各有多大？如果要求安全系数满足下表的要求，判断设计是否合适？

题 8-3 表

灵　敏　度	要求安全系数		灵　敏　度	要求安全系数	
	永久建筑物	临时建筑物		永久建筑物	临时建筑物
≥4	3.0	2.5	1～2	2.5	1.8
2～4	2.7	2.0	1	2.2	1.6

【解析】　参见《土力学》(第 2 版)298 页：基础下形成刚性核时地基的极限承载力公式——太沙基公式；294 页：无重介质地基的极限承载力公式——普朗德尔—瑞斯纳公式。

(1)普朗德尔—瑞斯纳公式计算极限承载力

$p_u=q+5.14c=20\times 3+5.14\times 60=368.4\text{kPa}$

安全系数 $F_s=\dfrac{p_u}{p_0}=\dfrac{368.4}{200}=1.842$

(2)太沙基公式计算极限承载力

$p_u=q+5.7c=20\times 3+5.7\times 60=402\text{kPa}$

安全系数 $F_s=\dfrac{p_u}{p_0}=\dfrac{402}{200}=2.01$

(3)灵敏度 $S_t=\dfrac{2c_u}{q_u}=\dfrac{120}{40}=3$，介于 2～4 之间，见题 8-3 表，要求永久建筑物的安全系数为 2.7，用两种公式计算的安全系数均不满足。

8-4 某基础的地基土如下图所示，土的物理力学指标见下表，若已知基础尺寸为8m×3m，埋置深度1.5m，试按条形基础求地基的临塑荷载、临界荷载和极限荷载(分别按普朗德尔理论和太沙基公式计算)，并用汉森公式计算经过形状和深度修正后的极限荷载。

题8-4表

编号	天然密度 ρ(g/cm³)	天然含水率 w(%)	相对密度	液限	塑限	强度指标	
						φ(°)	c(kPa)
①	1.79	38.0	2.72	44.1	24.3	20	10
②	1.96	28.3	2.70	29.6	19.2	25	15
③	2.04	21.8	2.65			35	0

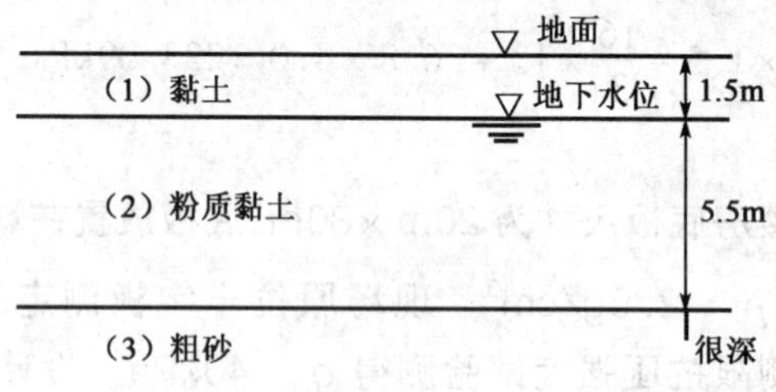

题8-4图

【解析】 参见《土力学》(第2版)298页：基础下形成刚性核时地基的极限承载力公式——太沙基公式；294页：无重介质地基的极限承载力公式——普朗德尔—瑞斯纳公式；304页：汉森极限承载力公式。

对于粉质黏土：$e=\dfrac{G_s(1+w)}{\rho}-1=\dfrac{2.7\times(1+0.283)}{1.96}-1=0.767$

$\gamma_{sat}=\dfrac{G_s+e}{1+e}\gamma_w=\dfrac{2.7+0.767}{1+0.767}\times10=19.62\text{kN/m}^3$

(1)普朗德尔理论求极限承载力

$p_u=cN_c+qN_q$，其中 $q=17.9\times1.5=26.85\text{kN/m}^2$

$N_q=\tan^2\left(45°+\dfrac{\varphi}{2}\right)\cdot e^{\pi\tan\varphi}=\tan^2\left(45°+\dfrac{25°}{2}\right)\times e^{\pi\tan25°}=10.654$

$N_c=(N_q-1)\cot\varphi=(10.654-1)\times\cot25°=20.7$

$p_u=15\times20.7+26.85\times10.654=596.56\text{kPa}$

(2)太沙基理论求极限承载力

$q=17.9\times1.5=26.85\text{kN/m}^2, c=15\text{kPa}, \varphi=25°$

查教材中表8-11得：$N_\gamma=10, N_q=13, N_c=25$

按照太沙基极限承载力公式：$p_u=\dfrac{\gamma b}{2}N_\gamma+cN_c+qN_q$

$p_u=\dfrac{(19.62-10)\times3}{2}\times10+15\times25+26.85\times13=868.35\text{kPa}$

(3)汉森公式计算经过形状和深度修正后的极限荷载

$$p_u=\frac{\gamma b}{2}N_\gamma s_\gamma d_\gamma+cN_cs_c\mathrm{d}_c+qN_qs_qd_q$$

形状修正系数：$s_\gamma=1-0.4\dfrac{b}{l}=1-0.4\times\dfrac{3}{8}=0.85$

$$s_c=1+0.2\frac{b}{l}=1+0.2\times\frac{3}{8}=1.075,s_q=1+\frac{b}{l}\tan\varphi=1+\frac{3}{8}\times\tan25°=1.174$$

深度修正系数：$d_q=1+2\tan\varphi\ (1-\sin\varphi)^2\dfrac{d}{b}=1+2\times\tan25°(1-\sin25°)^2\times\dfrac{1.5}{3}=1.16$

$$d_c=1+0.4\frac{d}{b}=1+0.4\times\frac{d}{b}=1.2,d_\gamma=1.0$$

$$N_q=\tan^2\left(45°+\frac{\varphi}{2}\right)g\mathrm{e}^{x\tan\varphi}=\tan^2\left(45°+\frac{25}{2}\right)\times\mathrm{e}^{x\tan25°}=10.654$$

$$N_c=(N_q-1)\cot\varphi=(10.654-1)\times\cot25°=20.7$$

$$N_g=1.5(N_q-1)+\tan\varphi=1.5\times(10.654-1)\times\tan25°=6.753$$

$$p_u=\frac{(19.62-10)\times3}{2}\times6.753\times0.85\times1.0+15\times20.7\times1.075\times1.2+26.85\times10.654\times1.17\times1.16=871.61\mathrm{kPa}$$

(4)临塑荷载 p_{cr}

$$N_c=\frac{\pi\cot\varphi}{\cot\varphi-\frac{\pi}{2}+\varphi}=\frac{3.14\times\cot25°}{\cot25°-\frac{\pi}{2}+\frac{\pi}{180}\times25}=6.663$$

$$N_q=1+\frac{\pi}{\cot\varphi-\frac{\pi}{2}+\varphi}=1+N_c\tan\varphi=1+6.663\times\tan25°=4.1$$

$$p_{cr}=qN_q+cN_c=26.85\times4.1+15\times6.663=210.03\mathrm{kPa}$$

(5)临界荷载 $p_{\frac{1}{4}}$

$$N_c=\frac{\pi\cot\varphi}{\cot\varphi-\frac{\pi}{2}+\varphi}=\frac{3.14\times\cot25°}{\cot25°-\frac{\pi}{2}+\frac{\pi}{180}\times25}=6.663$$

$$N_q=1+\frac{\pi}{\cot\varphi-\frac{\pi}{2}+\varphi}=1+N_c\tan\varphi=1+6.663\times\tan25°=4.1$$

$$N_{\gamma\frac{1}{4}}=\frac{\pi}{2\left(\cot\varphi-\frac{\pi}{2}+\varphi\right)}=\frac{\pi}{2\left(\cot25°-\frac{\pi}{2}+\frac{\pi}{180°}\times25\right)}=1.55$$

$$p_{cr}=\frac{1}{2}\gamma bN_{\gamma\frac{1}{4}}+qN_q+cN_c=\frac{1}{2}\times9.62\times3\times1.55+26.85\times4.1+15\times6.663=232.4\mathrm{kPa}$$

(6)临界荷载 $p_{\frac{1}{3}}$

$$N_c=\frac{\pi\cot\varphi}{\cot\varphi-\frac{\pi}{2}+\varphi}=\frac{3.14\times\cot25°}{\cot25°-\frac{\pi}{2}+\frac{\pi}{180}\times25}=6.663$$

$$N_q = 1 + \frac{\pi}{\cot\varphi - \frac{\pi}{2} + \varphi} = 1 + N_c \tan\varphi = 1 + 6.663 \times \tan 25° = 4.1$$

$$N_{\gamma\frac{1}{3}} = \frac{2\pi}{3\left(\cot\varphi - \frac{\pi}{2} + \varphi\right)} = \frac{2\pi}{3\left(\cot 25° - \frac{\pi}{2} + \frac{\pi}{180} \times 25\right)} = 2.07$$

$$p_{cr} = \frac{1}{2}\gamma b N_{\gamma\frac{1}{3}} + qN_q + cN_c = \frac{1}{2} \times 9.62 \times 3 \times 2.07 + 26.85 \times 4.1 + 15 \times 6.663 = 239.9\text{kPa}$$

8-5 **对上题用规范的承载力公式计算其特征值。**

【解析】 参见《土力学》(第2版)311页:承载力公式法。

$$f_a = M_b \gamma b + M_d \gamma_m d + M_c c_k$$

通过 $\varphi = 25°$,查教材中表8-2,$M_b = \frac{0.8 + 1.1}{2} = 0.95$,$M_d = \frac{3.87 + 4.37}{2} = 4.12$,$M_c = \frac{6.45 + 6.9}{2} = 6.675$

$$f_a = 0.95 \times 9.62 \times 3 + 4.12 \times 17.9 \times 1.5 + 6.675 \times 15 = 238.164\text{kPa}$$

第 9 章　土的动力特性习题解析

9-1 动三轴试验中，试样在 $\sigma_3=100\text{kPa}$，固结比 $K_c=2$ 的条件下固结，然后施加幅值为 30kPa 的周期动应力，若干的有效内摩擦角 $\varphi'=22°$，黏聚力 $c'=10\text{kPa}$，问振动孔隙水压力 u 发展到多大时，试样处于动力极限平衡状态？

【解析】　参见《土力学》（第 2 版）321 页：周期荷载作用下的动强度。

$\sigma_3=100\text{kPa}, K_c=2$，则 $\sigma_1=200\text{kPa}$

$$u_{cr}=\frac{\sigma_1+\sigma_3}{2}-\frac{\sigma_1-\sigma_3-\sigma_{d0}(1-\sin\varphi')}{2\sin\varphi'}+\frac{c'}{\tan\varphi'}$$

$$u_{cr}=\frac{200+100}{2}-\frac{200-100-30\times(1-\sin22°)}{2\sin22°}+\frac{10}{\tan22°}=66.32\text{kPa}$$

振动孔隙水压力 u 发展到 66.32kPa，试样处于动力极限平衡状态。

9-2 动三轴试验中，砂土试样在 $\sigma_3=100\text{kPa}$，固结比 $K_c=2$ 的条件下固结。测得动强度曲线如图所示。若动强度 $\frac{\sigma_d}{2}$ 可以用周围压力 σ_3 归一化，问 7 级和 8 级地震时土的总应力动力抗剪强度指标 c_d 和 φ_d 值各为多大？

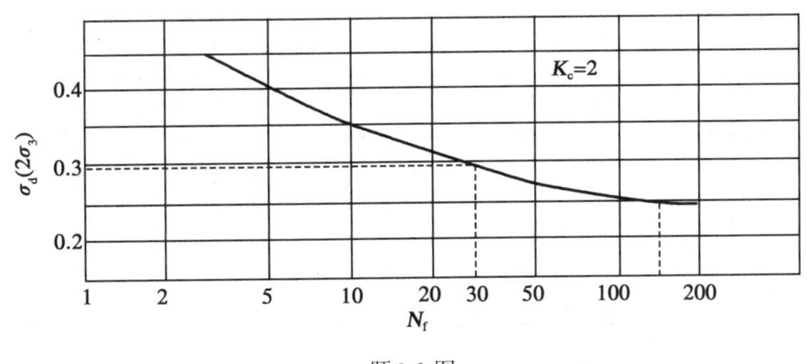

题 9-2 图

【解析】　参见《土力学》（第 2 版）324 页：动力强度指标 c_d 和 φ_d。

动强度 $\frac{\sigma_d}{2}$ 可以用周围压力 σ_3 归一化，指不同的 σ_3 的动应力比 $\frac{\sigma_d}{2\sigma_3}$ 相同，见下表。

地震等效循环周数　　　　题 9-2 表

震　　级	等效循环应力幅	等效循环周数
7.0	$0.65\tau_{max}$	12
7.5	$0.65\tau_{max}$	20
8.0	$0.65\tau_{max}$	30

(1)8 级地震时的等效循环周数 $N=30$，按照强度曲线查得 $N_f=30$ 时的动应力比$\frac{\sigma_d}{2\sigma_3}=0.293$。

若 $\sigma_3=100\text{kPa}$，则 $\sigma_d=58.6\text{kPa}$；$\sigma_3=200\text{kPa}$，则 $\sigma_d=117.2\text{kPa}$。作两个破坏应力圆。

圆 1：$\sigma_3=100\text{kPa}$，$\sigma_1=200\text{kPa}$，$\sigma_d=58.6\text{kPa}$

圆 2：$\sigma_3=200\text{kPa}$，$\sigma_1=400\text{kPa}$，$\sigma_d=117.2\text{kPa}$

这两个破坏应力圆的公切线 $\sigma_d=26.2$，即为动力内摩擦角。

注：因为是砂土，$c_d=0$，只要作一个圆即可求得 φ_d，作两个圆是为了校核。

(2)7 级地震时的等效循环周数 $N=12$，按照强度曲线查得 $N_f=12$ 时的动应力比$\frac{\sigma_d}{2\sigma_3}=0.34$。

若 $\sigma_3=100\text{kPa}$，则 $\sigma_d=68\text{kPa}$；$\sigma_3=200\text{kPa}$，则 $\sigma_d=136\text{kPa}$。作两个破坏应力圆。

圆 1：$\sigma_3=100\text{kPa}$，$\sigma_1=200\text{kPa}$，$\sigma_d=68\text{kPa}$

圆 2：$\sigma_3=200\text{kPa}$，$\sigma_1=400\text{kPa}$，$\sigma_d=136\text{kPa}$

这两个破坏应力圆的公切线 $\sigma_d=27.16$，即为动力内摩擦角。

注：因为是砂土，$c_d=0$，只要作一个圆即可求得 φ_d，作两个圆是为了校核。

9-3　土的动强度曲线如图所示，若土样在 $\sigma_3=100\text{kPa}$，$K_c=3.0$ 情况下受下表变幅的周期动应力作用，问土样是否破坏？

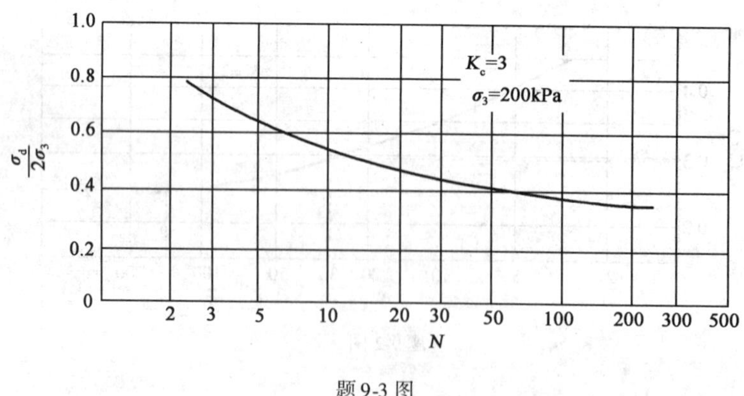

题 9-3 图

【解析】　参见《土力学》(第 2 版)324 页：动强度曲线和动力强度指标 c_d 和 φ_d。

题 9-3 表

动应力幅 σ_d(kPa)	140	120	100	80	60
振动周数 N	2	5	8	20	200
动应力比$\frac{\sigma_d}{2\sigma_3}$	0.7	0.6	0.5	0.4	0.3
破坏时的 N_f	3.2	5.5	13	60	500
振动周数 N 和破坏时的 N_f 进行比较	小于	小于	小于	小于	小于
土样状态	不破坏	不破坏	不破坏	不破坏	不破坏

9-4 土样在周围压力 $\sigma_3=100$kPa，$K_c=1.5$ 的条件下固结后，在动应力幅 $\sigma_d=40$kPa 下振动 10 周的孔隙水压力 $u=30$kPa，振动 20 周的孔隙水压力 $u=50$kPa，问振动 40 周时的孔隙水压力多大？

【解析】 参见《土力学》(第 2 版)329 页：振动孔隙水压力的发展。

$K_c=1.5>1.0$，$\frac{u}{\sigma_3}=\frac{1}{2}+\frac{1}{\pi}\arcsin\left[\beta\left(\frac{N}{N_{50}}\right)^{\frac{1}{\theta}}-1\right]$，本题 $N_{50}=20$

当 $u=50$kPa 时，代入上式$\frac{50}{100}=\frac{1}{2}+\frac{1}{\pi}\arcsin[\beta-1]\Rightarrow\beta=1$

当 $u=30$kPa，$\beta=1$ 时，代入上式$\frac{30}{100}=\frac{1}{2}+\frac{1}{\pi}\arcsin\left[\left(\frac{10}{20}\right)^{\frac{1}{\theta}}-1\right]\Rightarrow\theta=0.782$

当 $N=40$ 时，$\beta=1$，$\theta=0.782$，代入$\frac{u}{\sigma_3}=\frac{1}{2}+\frac{1}{\pi}\arcsin\left[\beta\left(\frac{N}{N_{50}}\right)^{\frac{1}{\theta}}-1\right]$，无解。

说明此时，土样已经破坏，则判定 $u=\sigma_3=100$kPa

9-5 从地基中 10m 深处取出的黏土样，其塑性指数 $I_p=20$，土的天然密度 $\rho=1.9\text{g/cm}^3$，土粒相对密度 $G_s=2.72$，含水率 $w=27\%$，已知先期固结压力 $p_c=500$kPa，侧压力系数 $K_0=0.8$，试估算该土的 G_{max}。

【解析】 参见《土力学》(第 2 版)332 页：土的动应力—应变关系和阻尼特性。

(1)$e=\frac{G_s(1+w)}{\rho}-1=\frac{2.72\times(1+0.27)}{1.9}-1=0.818$

(2)地基中 10m 深处自重应力 $p_s=19\times10=190$kPa，则 $\text{OCR}=\frac{p_c}{p_s}=\frac{500}{190}=2.63$

(3) $\sigma_0'=\frac{1}{3}\times(2\times0.8\times190+190)=164.67$kPa

(4)$I_p=20$，查教材中表 9-3，$k=0.18$

(5)$G_{max}=3230\times\frac{(2.97-e)^2}{1+e}\text{OCR}^k(\sigma_0')^{0.5}=3230\times\frac{(2.97-0.818)^2}{1+0.818}\times2.63^{0.18}\times164.67^{0.5}$

$=125.659$MPa

9-6 圆粒干净砂试样的干密度 $\rho_d = 1.6\text{g/cm}^3$，土粒相对密度 $G_s = 2.65$，在周围压力 $\sigma_3 = 100\text{kPa}$ 下固结，然后加动荷载测定砂的动剪切模量 G。若最大动剪应力 $\tau_{max} = 40\text{kPa}$，试估算当动应变 $\gamma_d = 5 \times 10^{-4}$ 时该砂样的动剪切模量 G。

【解析】 参见《土力学》(第2版)332页：土的动应力—应变关系和阻尼特性。

$$e = \frac{G_s\rho_d}{\rho} - 1 = \frac{2.72 \times 1.6}{1.9} - 1 = 0.656 < 0.8$$

$$G_{max} = 6930 \times \frac{(2.17 - e)^2}{1 + e}(\sigma_0')^{0.5} = 6930 \times \frac{(2.97 - 0.656)^2}{1 + 0.656} \times 100^{0.5} = 95.923\text{MPa} = 95923\text{kPa}$$

$$G_d = \frac{1}{\dfrac{1}{G_{max}} + \dfrac{\gamma_d}{\tau_{max}}} = \frac{1}{\dfrac{1}{95923} + \dfrac{5 \times 10^{-4}}{40}} = 43620.45\text{kPa}$$

下　篇

基础工程习题解析

第1章　地基勘察习题解析

1-1　什么叫场地？什么叫地基？什么叫基础？

【解析】　地基与基础示意如图所示。

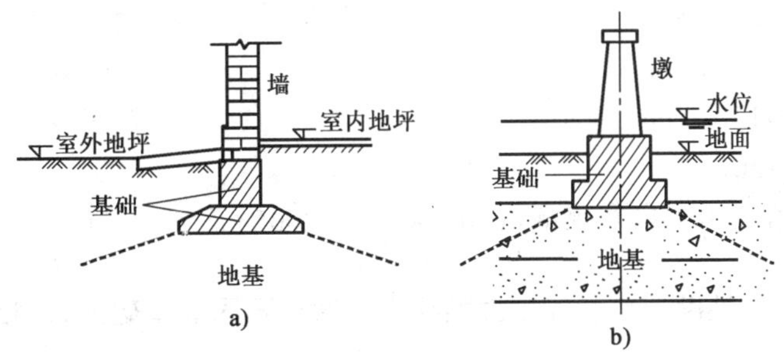

题解1-1图

场地：工程建筑所处的和直接使用的土地。

地基：场地范围内直接承托建筑物基础的岩土。

基础：建筑物最底下的构件或部分结构，其功能是将上部结构所承担的荷载传递到支撑它们的地基上。

1-2　地基勘探主要该完成什么工作？

【解析】　(1)查明不良地质作用的类型(如滑坡、岩溶、地裂缝)、成因、分布范围、发展趋势和危害程度，并提出整治方案和建议。

(2)查明建筑物范围内岩土层的类型、深度、分布、工程特性，并分析和评价地基的稳定性、均匀性和承载能力。

(3)对需要进行变形计算的建筑物，提供地基变形计算参数，预测建筑物的变形特征。

(4)查明埋藏的墓穴、防空洞、孤石等对工程不利的埋藏物。

(5)查明地下水的埋藏条件，提供地下水位及变化幅度。

(6)对季节性冻土地区，提供场地的标准冻结深度。

(7)对于地震烈度等于或大于6度的地区，应进行场地和地基的地震效应岩土工程勘察，以划分场地类别，提供地基土层的剪切波速和地震液化判别。

(8)判定水和土对建筑材料的腐蚀性。

1-3 从勘探工作的角度，建筑场地分为几类？相应勘探点的间距是多少？

【解析】 (1)建筑场地按地形、地貌、地层土质和地下水位等的变化复杂程度分为以下三类：

①简单场地：指抗震设防烈度不大于6度，地形平坦、地基岩土均匀良好，成因单一，地下水位对工程无影响，无不良地质作用的场地。

②中等复杂场地：指对抗震不利地段，地形微起伏，地基岩土比较软弱、不够均匀，基础位于地下水位以下，不良地质作用一般发育的场地。

③复杂场地：指对抗震危险的地段，地形起伏大，地基岩土成因复杂，土质软弱且显著不均匀，地下水位高、对建筑物有不良影响，不良地质作用强烈发育的场地。

(2)根据地基的复杂程度，详细勘察阶段勘探点的间距：根据《岩土工程勘察规范》(GB 50021—2001)条文4.1.15：

复杂场地：10～15m；

中等复杂场地：15～30m；

简单场地：30～50m。

初步勘察见《岩土工程勘察规范》(GB 50021—2001)条文4.1.6。

1-4 何谓一般性勘探点和控制性勘探点？对于不同的基础形式，相应勘探点的深度如何确定？

【解析】 勘探孔包括技术孔和鉴别孔。

(1)技术孔包括取土孔(指取不扰动土样)、原位测试孔(有时在取土孔中兼作标准贯入试验)。目的：取得岩土的技术数据，包括土工试验得到的土的物理力学指标，包括土工试验得到的物理力学指标和原位测试得到的数据(包括比贯入阻力、标准贯入锤击数、十字板强度等)，也可取得土层层位的深度和高程。

(2)鉴别孔，目的是：鉴别土样和划分土层的层面，是为了补充技术孔间距过大，对土层变化的控制程度不足而设置的。

(3)控制孔和一般孔是从另外一个角度来划分的，为了能够控制天然地基或桩基持力层的起伏，对于勘探孔的间距都有一定的要求；但是有时对于持力层以下土层的分布需要掌握，特别如沉降计算需要压缩层范围内的指标，就需要有一定数量的孔打得比较深，能够达到设计计算所要求的深度，但其数量又不需要那么多，这种类型的勘探孔称为控制孔，用以控制深部地层的分布与性状。控制孔一般布置在场地的角点，大的场地的中部或边缘线上，其数量一般占勘探孔总数的1/3左右。

(4)确定勘探孔深度要考虑的因素：

要求勘探孔达到一定深度是为了取得满足地基基础设计用的参数。不同类型的基础，设计时对勘察资料的要求是不同的。

确定勘探孔深度时，主要考虑是否满足设计的需要。例如：采用桩基的工程，勘探孔的深度必须满足探明桩基压缩量工程性质的要求，而采用天然地基的建筑物，压缩层深度显然比桩基的要求浅得多，因此，勘探孔的深度也比采用桩基的工程浅得多。需要计算沉降的工程，控制性勘探孔的深度取决于沉降计算压缩层厚度，与建筑物的荷载和基础的宽度有关，也与建筑物的长宽比有关。

(5)确定勘探点深度的原则，对一般性勘探点应能控制地基的主要受力层，对于一般条形基础，不小于基础宽度 b 的3倍，对于单独柱基，可取 $1.5b$，且不应小于5m。对于控制性勘探点，则要求能控制地基压缩层的计算深度，如表所示。

控制性勘探孔深度(m)　　题解1-4表

基础形式	基础宽度				
	1	2	3	4	5
条形基础	6	10	12		
单独基础		6	9	11	12

对于桩基础，一般性勘探孔深度应达到预计桩长以下(3~5)d(d为桩径)，且不小于3m；对于大直径桩，桩长以下不小于5m；控制性勘探孔深度应满足下卧层验算要求及沉降计算要求。

1-5　什么叫地球物理勘探？通常采用的有哪些方法？

【解析】　地球物理勘探即根据密度、导电性等物理性质的差别，勘测地层分布、地质构造和地下水位置，如图所示。

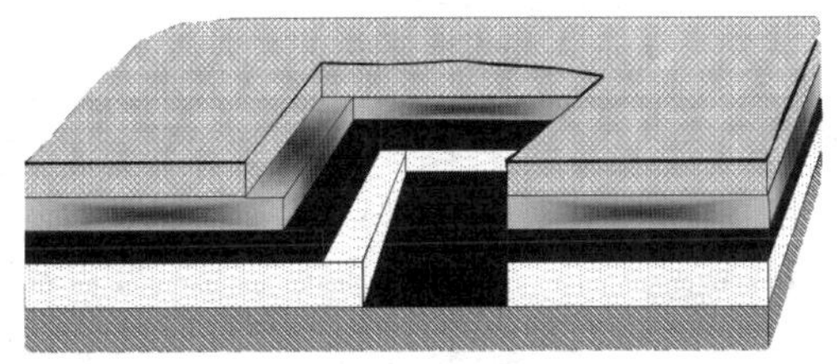

题解1-5图

方法：重力场、磁电场、声波、弹性波、放射性勘探、地震勘探(剪切波速)。

优点：简单迅速。

缺点：间接判断，较大范围。

1-6　坑槽探的主要优点是什么？适用于什么条件？

【解析】　坑槽深的主要优点是：直观观察地基岩土情况，并从坑槽中取高质量原状土进行试验分析。

适用其条件：土层埋藏不深，且地下水位较低的情况。

1-7 **钻探的主要内容之一是取原状土样，什么叫原状土样？**

【解析】 原状土样又称不扰动土样，相对保持天然结构和天然含水率的土样。用于测定天然土的物理、力学性质，如重度、天然含水率、渗透系数、压缩系数和抗剪强度等。

1-8 **标准贯入试验(SPT)常用以测定砂土的密实程度，试说明用以确定砂土密实程度的标准。**

【解析】 见表。

按标准贯入击数确定砂土密实度　　题解1-8表

N 值	密实程度	N 值	密实程度
$N \leqslant 10$	松散	$15 < N \leqslant 30$	中密
$10 < N \leqslant 15$	稍密	$N > 30$	密实

1-9 **地基中，砂土的相对密度 D_r 是否能由标准贯入锤击数 N 唯一决定？还与哪些因素有关？**

【解析】 不是，砂土的相对密度与有效上覆压力和标准贯入锤击数有关。

1-10 **地基中碎石土的密实程度如何划分？**

【解析】 (1)适用于平均粒径小于或等于50mm且最大粒径小于100mm的碎石土，见表。

碎石土密实程度按 $N_{63.5}$ 分类　　题解1-10表1

重型动力触探锤击数 $N_{63.5}$	密实程度
$N_{63.5} \leqslant 5$	松散
$5 < N_{63.5} \leqslant 10$	稍密
$10 < N_{63.5} \leqslant 20$	中密
$N_{63.5} > 20$	密实

(2)适用于平均粒径大于50mm或最大粒径大于100mm的碎石土，见表。

碎石土密实程度按 N_{120} 分类　　题解1-10表2

超重型动力触探锤击数 N_{120}	密实程度
$N_{120} \leqslant 3$	松散
$3 < N_{120} \leqslant 6$	稍密
$6 < N_{120} \leqslant 11$	中密
$11 < N_{120} \leqslant 14$	密实
$N_{120} > 14$	很密

1-11 何谓静力触探？单桥探头和双桥探头各有什么特点？能测得什么指标？

【解析】 (1)静力触探是将金属探头用静力以一定的速度连续压入土中，测定探头所受到的阻力。通过以往试验资料所归纳得出的比贯入阻力与土的某些物理力学性质的相互关系，定量确定土的某些指标，如砂土的密实度、黏性土的强度、压缩模量以及地基土和单桩的承载力和液化可能性等。

(2)单桥探头：圆锥头与外套筒连成一体，测得比贯入阻力 $p_s=\frac{P}{A}$；

双桥探头：圆锥头与外套筒分开，锥头单位面积的阻力 $q_p=\frac{Q_p}{A}$，侧壁单位面积的摩擦力 $q_s=\frac{Q_s}{S}$。

1-12 地基土如何分类？分成哪些种类？

【解析】 (1)按地质年代分为：老沉积土、一般黏性土、新近沉积土；
(2)按地质成因分为：残积土、坡积土、冲积土、淤积土、冰渍土、风积土；
(3)按土中有机质含量分为：无机土、有机质土、泥炭质土、泥炭；
(4)按组成分为：岩石、碎石土、砂土、粉土、黏性土、人工填土。

1-13 岩石按坚硬程度分成哪几类？

【解析】 岩石按坚硬程度的分类见下表。

题解1-13表

坚硬程度	坚硬岩	较硬岩	较软岩	软岩	极软岩
饱和单轴抗压强度(MPa)	$f_r>60$	$30<f_r\leqslant60$	$15<f_r\leqslant30$	$5<f_r\leqslant15$	$f_r\leqslant5$

1-14 岩石按完整程度分成哪几类？

【解析】 岩石按完整程度的分类见表。

题解1-14表

完整程度	完整	较完整	较破碎	破碎	极破碎
完整性指数	>0.75	0.75~0.55	0.55~0.35	0.35~0.15	<0.15

1-15 粉土的密实程度如何分类？

【解析】 粉土的密实程度分类见表。

题解 1-15 表

孔隙比 e	密实度	孔隙比 e	密实度
$e<0.75$	密实	$e>0.9$	稍密
$0.75\leqslant e\leqslant 0.9$	中密		

1-16 黏性土用什么指标定义其状态？分成几种状态？

【解析】 黏性土的指标及其状态见表。

题解 1-16 表

液性指数	状态	液性指数	状态
$I_L\leqslant 0$	坚硬	$0.75<I_L\leqslant 1$	软塑
$0<I_L\leqslant 0.25$	硬塑	$I_L>1$	流塑
$0.25<I_L\leqslant 0.75$	可塑		

有经验时，也可用静力触探的探头阻力或标准贯入试验的锤击数判定。

1-17 人工填土分成哪几类？各有什么特点？

【解析】 (1)人工填土分为：素填土、压实填土、杂填土、冲填土。

(2)人工填土成分复杂、堆填的时间短，除了压实填土外，往往没有经过很好的压实。对于含水率高的饱和或接近饱和的冲填土，固结过程往往尚未完成，一般压缩性大且不均匀，作为建筑物地基应慎重对待，认真研究。

1-18 土是一种很不均匀的材料，试验结果离散性很大，如何整理试验结果提供有代表性的试验指标？

【解析】 天然生成的土，即使划分属于同一土层，性质也不完全一致，因此，用体积很小的一块土样所测得的指标难以代表整个土层的性质。为了使试验结果有较好的代表性，每个试验都必须从同一土层的不同部位取样，做若干个或若干组试验，并对结果进行统计分析，然后提出比较有代表性的指标。通常要求同一项试验的个数不少于6个或6组。

n 组试验或测试的资料可以提供有关岩土参数的数据数目和分布范围，通过这些数据可分析计算参数的平均值、标准差和变异系数，最后计算参数的标准值。

以土的强度指标为例，根据土的 n 组强度试验的结果，按下列公式计算内摩擦角 φ 和黏聚力 c 的平均值 μ_m、标准差 σ、变异系数 δ；然后按照统计理论计算统计修正系数 ψ_φ、ψ_c；最后计算它们的标准差 φ_k 和 c_k。公式如下：

$$\mu_m=\frac{\sum_{i=1}^{n}\mu_i}{n},\sigma=\sqrt{\frac{\sum_{i=1}^{n}\mu_i^2-n\mu_m^2}{n-1}},\delta=\frac{\sigma}{\mu_m}$$

$$\psi_{\varphi}=1-\left(\frac{1.704}{\sqrt{n}}+\frac{4.678}{n^{2}}\right)\delta_{\varphi},\psi_{c}=1-\left(\frac{1.704}{\sqrt{n}}+\frac{4.678}{n^{2}}\right)\delta_{c},\varphi_{k}=\psi_{\varphi}\varphi_{m},c_{k}=\psi_{c}c_{m}$$

1-19 现场载荷试验是一项很重要的原位试验，它能提供哪些主要的结果？

【解析】 现场载荷试验可以提供原位土的物理、力学性质指标。

1-20 什么叫临塑荷载 p_{cr} 和极限荷载 p_u？如何用以确定地基承载力？

【解析】 (1)根据每级荷载 p 所对应的沉降量 s，绘制 p-s 曲线，如图所示。曲线的前段 Oa 接近于直线，表明在这个阶段内，地基处于线性变形阶段，没有发生局部塑性破坏，相应的荷载 p_{cr} 称为临塑荷载或比例荷载。地基出现破坏的前一级荷载称为极限荷载 p_u。

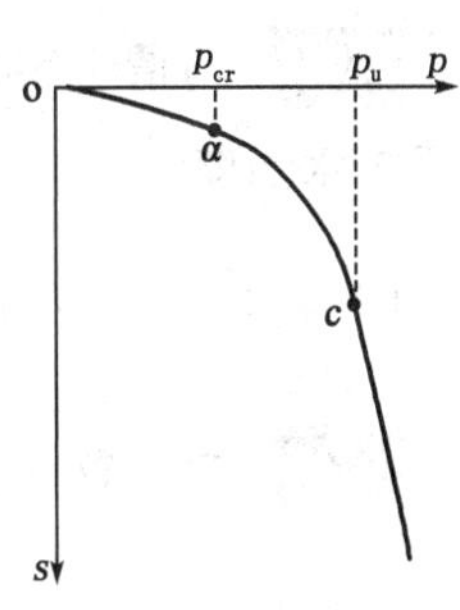

题1-20图

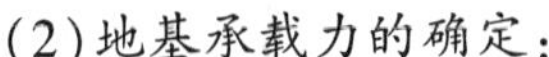

(2)地基承载力的确定：

①当 p-s 曲线有明显直线段时，可取直线段的比例界限 p_{cr} 作为地基承载力。

②当从 p-s 曲线上能够确定极限荷载 p_u，当 p_u 小于 p_{cr} 的2倍时，取 p_u 的一半作为地基承载力。

③当无法采用上述两种标准时，若荷载板面积为 $0.25\sim0.5\text{m}^2$，可取 $s/b=0.01\sim0.015$ 所对应的荷载值作为地基承载力，但其值不应大于最大加载量的一半。

通常要求同一土层做3个以上的现场载荷试验。当试验实测值的极差不超过平均值的30%时，取平均值作为承载力的特征值，标为 $f_{\alpha k}$，地基的承载力的设计值还与基础的埋置深度和基础的宽度有关，还要经过基础埋深和宽度的修正。

1-21 如果从现场载荷试验测得的 p-s 曲线难以确定 p_{cr} 和 p_u，该如何从现场载荷试验的结果确定地基承载力？

【解析】 地基承载力的确定：

(1)当 p-s 曲线有明显直线段时，可取直线段的比例界限 p_{cr} 作为地基承载力。

(2)当从 p-s 曲线上能够确定极限荷载 p_u，当 p_u 小于 p_{cr} 的2倍时，取 p_u 的一半作为地基承载力。

(3)当无法采用上述两种标准时，若荷载板面积为 $0.25\sim0.5\text{m}^2$，可取 $s/b=0.01\sim0.015$ 所对应的荷载值作为地基承载力，但其值不应大于最大加载量的一半。

通常要求同一土层做3个以上的现场载荷试验。当试验实测值的极差不超过平均值的30%时，取平均值作为承载力的特征值，标为 $f_{\alpha k}$，地基的承载力的设计值还与基础的埋置深度和基础的宽度有关，还要经过基础埋深和宽度的修正。

1-22 何谓旁压试验？旁压器为什么要分成量测室和辅助室？

【解析】 旁压试验又称横压试验，是在钻孔内进行的横向载荷试验，能测定较深处土层的变形模量和承载力。量测室直接用以测量;辅助室用以保持中腔的变形均匀,将空间问题简化成平面应变问题。

1-23 **旁压试验测得的地基土的变形模量与现场载荷试验测得的变形模量有什么不同?在什么情况下可以等同?**

【解析】 当土质均匀、各向同性时,才可以等同,用于地基变形计算。对于各项异性地基,不能直接应用。

1-24 **何谓十字板试验?它常用于测定什么土的抗剪强度?为什么说测得的抗剪强度是不排水强度?**

【解析】 十字板试验是快速测定饱和软黏土不排水抗剪强度的一种方法。

1-25 **总结各种土工原位测试方法测得的指标特征、工程应用及所适用的土类。**

【解析】 土工原位测试成果及其应用见表。

题解 1-25 表

测试方法	特征值标	主要工程应用	使用土类
标准贯入试验	标准贯入击数 N	1. 确定砂土密实度; 2. 评价地基土液化势; 3. 确定土层液化影响折减系数(用于桩基)	砂土、粉土、一般黏性土
轻型动力触探试验	N_{10}	1. 施工验槽; 2. 填土勘察; 3. 局部软土、洞穴勘察	浅层的填土、砂土、粉土和黏性土
重型和超重型动力触探试验	$N_{63.5}$、N_{120}	1. 评价碎石土的密实度; 2. 评价场地的均匀性和地基的承载力	砂土、碎石土、极软岩和软岩
静力触探试验 单桥探头 双桥探头	比贯入阻力 p_s 侧壁阻力 q_s 锥底阻力 q_p	1. 评价土的密实度和塑性状态; 2. 评价地基土承载力; 3. 评价单桩承载力; 4. 评价地基土液化势	软土、一般黏性土、粉土、砂土、含少量碎石的土
平板载荷试验	变形模量 E 临塑荷载(比例荷载)p_{cr} 极限荷载 p_u	1. 地基变形计算; 2. 评价地基承载力	各种土和软质岩

续上表

测试方法	特征值标	主要工程应用	使用土类
旁压试验	旁压模量 E_p 旁压临塑荷载 P_{urh} 旁压极限荷载 P_{uh}	1. 地基变形计算； 2. 评价地基承载力	各种土和软质岩
十字板剪切试验	不排水抗剪强度 τ_f	1. 不排水强度； 2. 评价地基承载力； 3. 求地基土灵敏度	饱和软黏土
大型直剪试验	岩土的抗剪强度指标 c、φ；结构面和接触面摩擦系数 f	1. 评价地基承载力； 2. 评价地基稳定性	粗粒土及含大量粗颗粒的土、软质岩

1-26 某场地要建造高层建筑，钻孔取土样和进行原位试验，问：

(1) 若地基为一般黏性土，满足地基计算要求需要做什么室内外试验？

(2) 若地基为砂层，且地下水位较高，满足地基计算要求，需要做什么试验？

【解析】 (1) 室内试验：液限塑限试验、颗粒分析试验、相对密度试验、含水率试验、密度试验、侧限压缩试验、三轴剪切试验。

原位试验：静力触探试验、标准贯入试验、平板载荷试验。

(2) 室内试验：液限塑限试验、颗粒分析试验、相对密度试验、含水率试验、密度试验、侧限压缩试验、三轴剪切试验、渗透试验。

原位试验：静力触探试验、标准贯入试验、平板载荷试验、抽水试验。

1-27 地基土层分布自地表以下 0 ~3m 为粉质黏土，4 ~6m 为细砂，再往下为密实砂砾石层。地下水位埋深 3m。粉质黏土的天然密度 $\rho=1.85\text{g/cm}^3$；细砂的饱和密度 $\rho_{sat}=1.95\text{g/cm}^3$，土粒比重 $G_s=2.65$，最大孔隙比 $e_{max}=0.90$，最小孔隙比 $e_{min}=0.55$。按《建筑抗震设计规范》(GB 50011—2010)，细砂层的标准贯入击数应满足 $N\geqslant 10$ 的要求。问相应的相对密度多大？该砂层是否满足这一要求？

【解析】 (1) 细砂层的平均有效自重应力，即 4.5m 处的 $\sigma_z=18.5\times3+9.5\times1.5=69.75\text{kPa}$

由 $\rho_{sat}=\dfrac{G_s+e}{1+e}\rho_w$，$1.95=\dfrac{2.65+e}{1+e}$，则 $e=0.737$

$D_r=\dfrac{e_{max}-e}{e_{max}-e_{min}}$，求得 $D_r=0.46$

(2)如图所示可知 $N=5<10$,不满足细砂层的标准贯入击数,应满足 $N \geqslant 10$ 的要求。

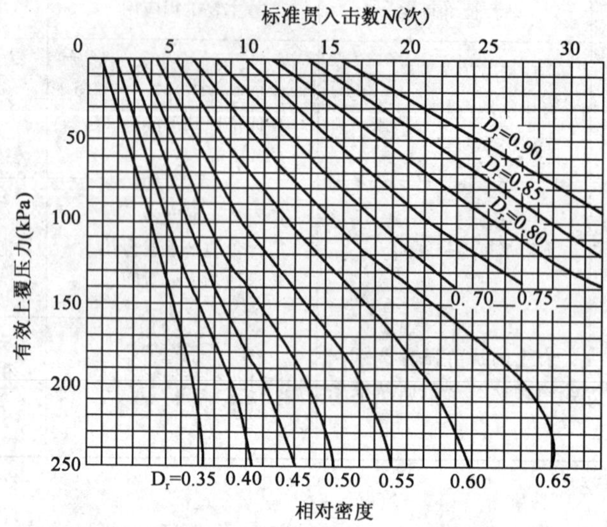

题解 1-27 图　N 值和有效上覆压力与相对密度的关系

1-28 用两种规格十字板在黏土层同一深度处测土的抗剪强度,十字板的尺寸和测得的最大扭矩值见表,问在此深度处土的垂直抗剪强度和水平抗剪强度各有多大?

题 1-28 表

十　字　板	直径(mm)	长度(mm)	扭矩(N·mm)
A	50	150	17000
B	50	50	7000

【解析】　令垂直面上的抗剪强度为 τ_{f1},水平面上的抗剪强度为 τ_{f2},则:

$M=\frac{\pi}{2}D^2H\tau_{f1}+\frac{\pi}{6}D^3H\tau_{f2}$,代入数据

对十字板 A:$17000=\frac{\pi}{2}\times50^2\times150\times\tau_{f1}+\frac{\pi}{6}\times50^3\tau_{f2}$

对十字板 B:$7000=\frac{\pi}{2}\times50^2\times50\times\tau_{f1}+\frac{\pi}{6}\times50^3\tau_{f2}$

解得:$\tau_{f1}=25\text{kPa}$,$\tau_{f2}=35\text{kPa}$。

1-29 某工程在地基 5m 深度砾石层处进行旁压试验,测得 p-V 曲线如图所示,砾石层的泊松比 $\upsilon=0.25$,旁压器工作室的体积 $V_0'=1130\text{cm}^3$。求砾石层的旁压模量 E_p。

【解析】　室压为 p_{0h} 时试验段的体积为 $V_0=V_0'+200=1130+200=1330\text{cm}^3$

$E_p=2(1+\upsilon)\left(V_0+\frac{1}{2}\Delta V\right)\frac{\Delta p}{\Delta V}=2\times(1+0.25)\times\left(1330+\frac{1}{2}\times150\right)\times\frac{800}{150}=18733.33\text{kPa}$

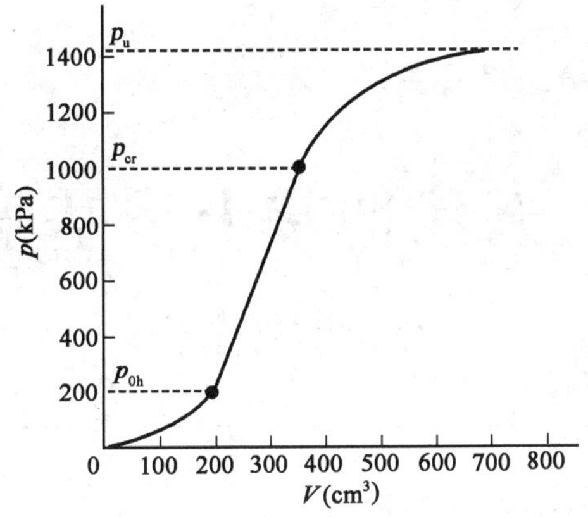

题 1-29 图　p-V 曲线

1-30 在上述砾石层上进行平板载荷试验，荷载面积 $A=0.71\text{m}\times0.71\text{m}$，得到 p-s 曲线如图所示，曲线没有很明显的直线段，试估算砾石层的变形模量 E。

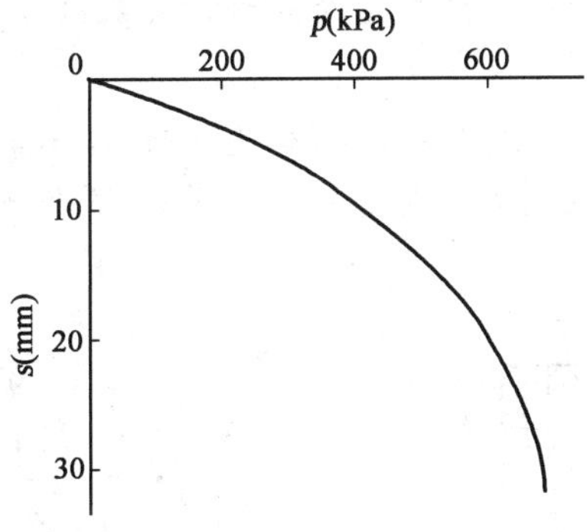

题 1-30 图　p-s 曲线

【解析】　荷载板面积 $s=0.71\times0.71\approx0.5\text{m}^2$，当无明显直线段，且 $s=0.25：0.5\text{m}^2$ 时，取 $s/b=0.01：0.015$ 所对应的载荷值为地基承载力，土越软，取值越大。

$s=0.01\times0.71=7.1\text{mm}$，查 p-s 曲线，得 $p_{cr}=370\text{kPa}$。

变形模量 $E=\dfrac{pb(1-v^2)}{s}I=\dfrac{370\times0.71\times(1-0.25^2)}{7.1\times10^{-3}}\times0.886=30733\text{kPa}=30.733\text{MPa}$

第2章　天然地基上浅基础的设计习题解析

2-1　地基基础有几种类型？各有什么特点？用于什么情况？

【解析】　如图所示。(1)浅基础:①埋深小于5m的柱基或墙基;②埋深小于基础宽度的筏基、箱基,埋深大于5m;③不考虑基础侧面摩擦力。浅基础施工方便、技术简单、造价经济,在一般情况下,应尽可能采用。

(2)深基础:埋置深度大于5m或大于基础宽度,在计算承载力时应考虑基础侧壁摩擦力的影响。如果天然地基上的浅基础不能满足工程的要求,或者经过周密论证后认为不经济,才考虑采用其他类型的地基基础。

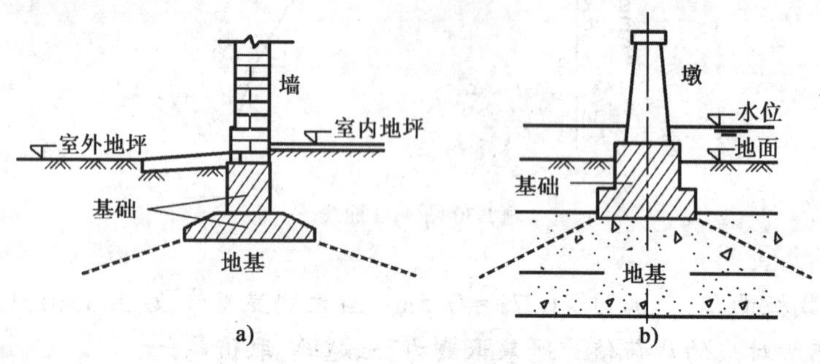

题2-1图　地基与基础

2-2　何谓地基允许承载力？如何按允许承载力方法设计地基基础？

【解析】　(1)①基底压力不能超过地基的极限承载力,并且有足够的安全度。②地基变形不能超过允许变形值。满足这两项要求,地基单位面积上所能承受的最大压力就称为地基的允许承载力。

(2)$A=\dfrac{S}{[R]}$

式中:S——作用在基础上的总荷载,包括基础自重;

$[R]$——地基的允许承载力。

2-3　按极限状态设计方法，地基应满足哪几种极限状态的要求？

【解析】　满足承载能力极限状态和正常使用极限状态。

2-4　何谓地基的承载能力极限状态？试用表达式表示？

【解析】　承载能力极限状态或稳定极限状态：其意是让地基土最大限度地发挥承载能力，荷载超过此种限度时，地基土即发生强度破坏而丧失稳定或发生其他任何形式的危及人们安全的破坏。

表达式：$\frac{S}{A}=p\leqslant\frac{p_u}{F_s}$

2-5　何谓地基的正常使用极限状态？试用表达式表示。

【解析】　正常使用极限状态或变形极限状态：对于地基，主要是其受载后的变形应该小于建筑物地基变形的允许值。

表达式：

$s\leqslant[s]$

2-6　地基按正常使用极限状态设计，为什么除了要满足 $s\leqslant[s]$ 的要求外，还要满足 $p\leqslant p_{cr}$（或 $p_{1/4}$）的要求？

【解析】　验算地基是否处于弹性状态。由于目前地基变形计算都是以弹性理论（或称线性变形体理论）为基础，因此必须保证基底压力不大于临塑荷载 p_{cr}，最多不能超过临界荷载 $p_{1/4}$，使地基内不出现塑性区或者塑性区的发展深度不超过基础宽度的1/4。

2-7　何谓结构可靠度？用什么指标表示可靠度？它与安全系数有些什么不同？

【解析】　结构物在规定的时间内和条件下完成预定功能的概率称为结构可靠度。

用可靠指标 β 表示。

安全系数只取决于荷载效应和抗力的均值，可靠指标不但取决于荷载效应和抗力的均值，而且还与他们的概率分布状况即离散程度有关。

2-8　可靠设计方法与极限状态设计方法有什么联系？为什么又可称为以概率理论为基础的极限状态设计方法？

【解析】　以概率理论为基础，以极限状态为分析方法，以可靠指标 β 值为安全标准的设计方法称为可靠度设计方法或以概率理论为基础的极限状态设计方法，简称概率极限状态设计方法。

2-9 **按可靠度设计方法，当验算结构物能否满足承载能力极限状态时，荷载值该如何选用？荷载该如何组合？试用公式表示。**

【解析】 基本组合：永久作用和可变作用共同作用的组合。

(1)由可变作用控制的基本组合的设计值 S_d 表达式为：$S_d = \gamma_G S_{GK} + \gamma_{Q1} S_{Q1K} + \sum_{i=2}^{n} \gamma_{Qi} \psi_{ci} S_{QiK}$

(2)由永久作用控制时：$S_d = \gamma_G S_{GK} + \sum_{i=1}^{n} \gamma_{Qi} \psi_{ci} S_{QiK}$

2-10 **按可靠度设计方法，当验算结构物能否满足正常使用极限状态时，荷载值该如何选用？荷载该如何组合？试用公式表示。**

【解析】 按可靠度设计方法，当验算结构物能否满足正常使用极限状态时，荷载值选用标准值，荷载采用标准组合。作用效应的标准组合值表达式 S_K 为：

$$S_K = S_{GK} + S_{Q1K} + \sum_{i=2}^{n} \psi_{ci} S_{QiK}$$

2-11 **按现行《建筑地基基础设计规范》(GB 50007—2011)地基基础设计分成几个等级？相应于各等级，地基计算有什么要求？**

【解析】 地基基础分成三个设计等级：甲级、乙级、丙级。

(1)所有建筑物的地基计算均应满足承载力计算的有关规定。

(2)设计等级为甲级、乙级的建筑物，均应按地基变形设计。

(3)设计等级为丙级的建筑物有下列情况之一时应做变形验算：

①地基承载力特征值小于130kPa且体型复杂的建筑。

②在基础上及其附近有地面堆载或相邻基础荷载差异较大，可能引起地基产生过大的不均匀沉降时。

③软弱地基上的建筑物存在偏心荷载时。

④相邻建筑距离近，可能发生倾斜时。

⑤地基内有厚度较大或厚薄不均的填土，其自重固结未完成时。

(4)对经常受水平荷载作用的高层建筑、高耸结构和挡土墙等，以及建造在斜坡上或边坡附近的建筑物和构筑物，尚应验算其稳定性。

(5)基坑工程应进行稳定性验算。

(6)建筑地下室或地下构筑物存在上浮问题时，尚应进行抗浮验算。

2-12 **按极限状态设计方法，应进行承载能力极限状态验算和正常使用极限状态验算，而《建筑地基基础设计规范》(GB 50007—2011)则规定三项验算，即承载力验算、变形验算和必要时进行地基稳定验算，应如何理解两种极限状态和地基计算的三项验算？**

【解析】 地基承载力验算所用的作用是正常使用极限状态作用下的标准组合；承载力特征值的取值，当用现场荷载试验时，应取若干组试验测得的临塑荷载 p_{cr} 的平均值；当用公式计算时，土的抗剪强度指标 c、φ 采用标准值。这说明，地基承载力所指的“承载力”并非地基稳定验算中的极限承载力 p_u，而是保证建筑物能正常使用的承载力，属于正常使用极限状态范畴的验算。

2-13 按《建筑地基基础设计规范》(GB 50007—2011)的方法验算地基的稳定性，是否符合可靠度设计方法的要求，为什么？

【解析】 地基的稳定验算，采用单一安全系数的极限状态设计方法。

在地基稳定验算时，《建筑地基基础设计规范》(GB 50007—2011)采用单一安全系数的圆弧滑动法，用这种方法无法与分项系数等概念联系起来，因此在采用作用或作用组合效应时，虽然表面上采用承载能力极限状态的基本组合，但各种分项系数取为1.0，以使与单一安全系数相一致。

2-14 为什么说《建筑地基基础设计规范》(GB 50007—2011)的设计原则是按地基变形设计？这一原则是如何体现的？在什么情况下才需要验算地基的稳定性？

【解析】 地基的破坏，往往是已经产生很大的变形但是不容易发生强度破坏而丧失稳定。因此地基设计，首先是验算变形，必要时才验算因强度破坏而引起的地基失稳。

变形验算的主要内容包含两部分：

(1)验算地基是否处于弹性状态。由于目前地基变形计算都是以弹性理论为基础，因此必须保证基底压力不大于临塑荷载 p_{cr}，最多不应超过临界荷载 $p_{1/4}$，使地基内不出现塑性区或者塑性区的发展深度不超过基础跨度的1/4。

$S/P = p \leqslant p_{cr}$

(2)验算地基变形。

对于承受较大水平荷载的建筑物，地基稳定是控制因素，采用单一安全系数的极限状态设计方进行稳定验算。

2-15 按《建筑地基基础设计规范》(GB 50007—2011)进行地基承载力验算时，作用取什么组合？抗力取什么值？如何确定？

【解析】 作用取标准组合，抗力取地基承载力特征值。按照平板载荷试验确定地基承载力特征值。

2-16 按《建筑地基基础设计规范》(GB 50007—2011)进行地基变形验算时，作用取什么组合？必须满足什么要求？

【解析】 计算地基变形时，传至基础底面上的作用效应应按正常使用极限状态下作用的准永久组合，不应计入风荷载和地震作用；相应的限制应为地基变形允许值。

2-17 浅基础有哪些结构类型？各适用于什么条件？

【解析】 浅基础根据结构形式可分为扩展基础、联合基础、柱下条形基础、柱下交叉条形基础、筏形基础、箱形基础和壳体基础。根据基础所用材料的性能可分为无筋基础（刚性基础）和钢筋混凝土基础。

(1)扩展基础包括无筋扩展基础和钢筋混凝土扩展基础。①无筋扩展基础：指由砖、毛石、混凝土或毛石混凝土、灰土和三合土等材料组成的无须配置钢筋的墙下条形基础或柱下独立基础，多适用于多层民用建筑和轻型厂房。②钢筋混凝土扩展基础：简称为扩展基础，指墙下钢筋混凝土条形基础和柱下钢筋混凝土独立基础，这类基础的抗弯和抗剪性能良好，可在竖向荷载较大、地基承载力不高以及承受水平力和力矩荷载等情况下使用，与无筋基础相比，其基础高度较小，更适宜在基础埋置深度较小时使用。

(2)联合基础：指同列相邻两柱公共的钢筋混凝土基础，即双柱联合基础。在为相邻两柱分别配置独立基础时，常因其中一柱靠近建筑界线，或因两柱间距较小，而出现基底面积不足或荷载偏心过大等情况，此时采用联合基础。

(3)柱下条形基础：当地基较为软弱、柱荷载或地基压缩性分布不均匀，以至于采用扩展基础可能产生较大的不均匀沉降时，常将同一方向（或同一轴线）上若干柱子的基础连成一体而形成柱下条形基础，这种基础的抗弯刚度较大，因而具有调整不均匀沉降的能力，并能将所承受的集中柱荷载较均匀地分布到整个基底面积上。柱下条形基础常用于软弱地基上框架或排架结构的一种基础形式。

(4)柱下交叉条形基础：如果地基软弱且在两个方向分布不均，需要基础在两方向都具有一定的刚度来调整不均匀沉降，则可在柱网下沿纵横两向分别设置钢筋混凝土条形基础，从而形成柱下交叉条形基础。

(5)筏形基础：当柱下交叉条形基础底面积占建筑物平面面积的比例较大，或者建筑物在使用上有要求时，可以在建筑物的柱、墙下方做成一块满堂的基础，即筏形基础。筏形基础由于其底面积大，故可减小基底压力，同时也可提高地基土的承载力，并能更有效地增强基础的整体性，调整不均匀沉降。

(6)箱形基础：由钢筋混凝土的底板、顶板、外墙和内隔墙组成的有一定高度的整体空间结构，适用于软弱地基上的高层、重型或对不均匀沉降有严格要求的建筑物。与筏形基础相比，箱形基础具有更大的抗弯刚度，只能产生大致均匀的沉降或整体倾斜，从而基本上消除因地基变形而使建筑物开裂的可能性。箱形基础埋深较大，基础中空，从而使开挖卸去的土重部分抵偿了上部结构传来的荷载（补偿效应），因此，与一般实体基础相比，它能显著减小基底压力、降低基础沉降量。此外，箱形基础的抗震性能良好。

(7)为了发挥混凝土抗压性能好的特性，可以将基础的形式做成壳体。常见的壳体基础形式有三种，即正圆锥壳、M 形组合壳和内球外锥组合壳。壳体基础可用作柱基础和筒形构筑物等的基础。

2-18 按基础的受力条件,如何理解允许基础宽高比(刚性角)的作用?

【解析】 在构造上通过限制刚性基础宽高比来满足刚性角的要求,基础在宽度确定以后,根据刚性角的要求,确定基础的高度。

2-19 为什么基础台阶宽高比的允许值除了取决于基础材料的质量外,还与基底的平均压力 p_k 有关?

【解析】 单独基础或条形基础上面受柱或墙传来的荷载,下面承受地基的反力,工作条件像个倒置的两边外伸的悬臂梁。这种结构受力后,在靠柱边、墙边或断面高度突变的台阶边缘处容易产生弯曲破坏,对于刚性基础,要求基础有一定的高度,使弯曲所产生的拉应力不超过材料的抗拉强度。通常控制的办法是使基础的外伸长度 b_t 和基础高度 h 的比值不超过规定的容许比值。与容许的台阶宽高比 b_t/h 值相应的角度 α 称为基础的刚性角。

2-20 常用的基础材料为砖、石、混凝土和钢筋混凝土,有时也可用毛石混凝土、灰土和三合土,试解释后三种材料是如何合成的?各用于什么条件?

【解析】 (1)毛石混凝土:混凝土的耐久性、抗冻性和强度都比砖好,且便于现浇和预制成整体基础,可建造比砖和砌石有更大刚性角的基础,因此,同样的基础宽度,用混凝土时,基础的高度可以小一些。但是混凝土基础造价稍高,耗水泥量较大,较多用于地下水位以下的基础及垫层,强度等级一般采用C15。为了节约水泥用量,可以在混凝土中掺入20%~30%的毛石,称为毛石混凝土。

(2)灰土:作为基础材料用的灰土,一般为三七灰土,即用三分石灰和七分黏性土(体积比)拌匀后分层夯实。灰土所用的生石灰必须在使用前加水消化成粉末,并过5~10mm筛子。土料宜用粉质黏土,不要太湿或太干。灰土的强度与夯实的程度关系很大,要求施工后达到干重度不小于14.5~15.5kN/m^3。施工时常用每层虚铺220~250mm,夯实后成150mm来控制,称为一步灰土。灰土在水中硬化慢,早起强度低,抗水性差。此外,灰土早起的抗冻性较差,所以灰土作为基础材料,一般只用于地下水位以上。

(3)三合土:用石灰、砂和集料拌和而成的料称为三合土。用以作为低层房屋基础,配比为1:2:4~1:3:6,每层虚铺220mm,夯实后成150mm。

2-21 确定基础的埋置深度是地基基础设计的重要组成部分,确定埋置深度时要考虑哪些因素?

【解析】 (1)建筑物的用途、结构类型和荷载性质与大小。

(2)地基的地质和水文地质条件。

(3)寒冷地区土的冻胀性和地基的冻结深度。

2-22 **在寒冷地区，为什么确定基础埋深时，还要考虑地区土的冻胀性和地基土的冻结深度？在什么条件下就可以不必考虑它们的影响？**

【解析】 (1)冻胀和融陷都是不均匀的，如果基底下面有较厚的冻土层，将产生冻胀和融陷变形，影响建筑物的正常使用，导致破坏，因此，考虑地区土的冻胀性影响。

(2)在季节性冻土地区，如果基础埋置深度太浅，基底下存在较厚的冻胀性土层，可能因为土的冻融变形，导致建筑物开裂甚至不能正常使用，因此，选择基础埋深的时候必须考虑冻结深度的影响。

(3)不冻胀土可以不考虑地区土的冻胀性和地基土的冻结深度。

2-23 **何谓平均冻胀率？冻胀率的高低取决于哪些因素？**

【解析】 平均冻胀率：$\eta = \dfrac{\Delta z}{z_d} \times 100\% = \dfrac{\Delta z}{z_0 - \Delta z} \times 100\%$

影响因素：土的性质、四周环境向冻土补充水分的条件、冻前天然含水率、冻结期间地下水位距冻结面的最小距离、约束压力。

2-24 **平均冻胀率分成几个等级？它与地基土的冻胀等级有何关系？**

【解析】 平均冻胀率分为Ⅰ、Ⅱ、Ⅲ、Ⅳ四个等级。

Ⅰ—不冻胀；

Ⅱ—弱冻胀；

Ⅲ—冻胀；

Ⅳ—强冻胀。

2-25 **地基土的冻结深度取决于哪些因素？如何确定地基的设计冻结深度？**

【解析】 当地的气象条件，气温越低，低温的持续时间越长，冻结深度越大。

(1)土的性质：粗粒土骨架的导热系数比细粒土大，在同样的条件下，粗粒土的冻结深度比细粒土大。土中水在冰冻时要放出大量的潜热，含水率越大，冰冻时参加变相的水分越多，释放的潜热越大，冻结的深度越浅。

(2)环境。

$$z_d = z_0 \psi_{zs} \psi_{zw} \psi_{ze}$$

式中：z_d——场地冻结深度；

z_0——标准冻结深度。

2-26 **什么叫允许残留冻土层最大深度 h_{max}？**

【解析】 在确保冻结时地基内所产生的冻胀应力不超过外荷载在相应位置所引起的附加应力的原则下，允许存在一定厚度的冻土层。这样，考虑地基土的冻胀性，基础的最小埋置

深度 $d_{min}=z_d-h_{max}$。

2-27 **按《建筑地基基础设计规范》(GB 50007—2011)如何确定允许残留冻土层最大厚度 h_{max}?**

【解析】 参见规范条文 5.1.8:季节性冻土地区基础埋深宜大于场地冻结深度。对于深厚季节冻土地区,当建筑基础底面土层为不冻胀、弱冻胀、冻胀土时,基础埋置深度可以小于场地冻结深度,基础底面下允许冻土层最大厚度应根据当地经验确定。没有地区经验时可按规范附录 G 查取。

2-28 **按《建筑地基基础设计规范》(GB 50007—2011),地基承载力特征值可用什么方法确定?**

【解析】 (1)现场载荷试验或其他原位测试方法;

(2)规范建议的地基承载力公式;

(3)工程实践经验。

2-29 **什么叫地基承载力的宽度和深度修正?如何修正?**

【解析】 用原位试验确定的地基承载力时,没有考虑基础的宽度和埋置深度对承载力的影响,用下式进行承载力的基础宽度和埋置深度修正后,才能得到可供实际设计用的地基承载力特征值:

$$f_a=f_{ak}+\eta_b\gamma(b-3)+\eta_d\gamma_m(d-0.5)$$

2-30、31 **为什么在有地下室时,确定地基承载力的深度修正系数时,外墙的条形基础从室内地面算起,而箱形基础则可按室外地面算起?为什么在填方地面,确定地基承载力的深度修正系数时,一般可按填土标高地面算起,而在上部结构施工后刚完成填土时,则从天然地面算起?**

【解析】 在物理概念上,地基承载力的修正是基础侧面土层或建筑物的等代重力的作用,用以判断和理解各种不同条件的规定。这个重力作用要具有一定的宽度范围,过小了就起不了压重的作用。如果在基础的几个方向的重力作用不同,则取最小的一侧控制,以保证安全。对于在上部荷载施加以后再产生的相邻的重力作用,例如在建造了建筑物以后再产生的相邻荷载,上部结构施工后完成的填土,就不能再考虑它的压重作用。

2-32 **计算基底附加压力 p_0 时,$p_0=p-\gamma d$,其中基础埋深 d,什么时候与确定承载力深度修正系数时的 d 不同?**

【解析】 (1)附加压力计算时的 d 是天然地面起算;

(2)在计算 G 时,是室内外平均标高或设计标高;

(3)在计算承载力修正是参照规范,有详细的规定。

2-33 地基持力层承载力验算需要满足什么要求?如何进行这项验算?

【解析】 要求作用在持力层上的平均基底压力不超过该土层的承载能力。

对于作用为中心荷载时:

$$p_k = \frac{F_k + G_k}{A} \leqslant f_a$$

对于作用为偏心荷载时:$p_{kmax} \leqslant 1.2f_a$,其中,小偏心 $p_{kmax} = \frac{F_k + G_k}{A} + \frac{M_k}{W}$,大偏心 $p_{kmax} = \frac{2(F_k + G_k)}{3ac}$,$c = \frac{b}{2} - e$。

2-34 何谓地基软弱下卧层承载力验算?如何进行这项验算?

【解析】 (1)持力层以下,若存在强度与模量明显低于持力层的土层,称为软弱下卧层。如果软弱下卧层埋藏不够深,扩散到下卧层的应力大于下卧层的承载力时,地基有失效的可能,因此需要进行软弱下卧层的承载力验算。

(2)$p_{cz} + p_z \leqslant f_{d+z}$,$f_{d+z}$为软弱下卧层顶面深度 $d+z$ 处,经过深度修正后的地基承载力特征值。

对于条形基础,软弱下卧层顶面处的附加压力:

$$p_z = \frac{b(p_k - p_{c0})}{b + 2z\tan\theta}$$

对于矩形基础,软弱下卧层顶面处的附加压力:

$$p_z = \frac{ab(p_k - p_{c0})}{(a + 2z\tan\theta)(b + 2z\tan\theta)}$$

2-35 在地基变形验算中,规范建议采用分层总和法。分层总和法的特点是什么?采用什么基本假定?

【解析】 (1)分层总和法的特点:假定地基土为直线变形体,在外荷载作用下的变形只发生在有限厚度的范围内(即压缩层),将压缩层厚度内的地基土分层,分别求出各分层的应力,然后用土的应力—应变关系式求出各分层的变形量,再总和起来作为地基的最终沉降量。①由于采用基础中点下的附加应力(它大于任何其他点下的附加应力)作为计算依据,沉降计算值会比实际偏大(且没有考虑基础刚度和建筑物刚度对均衡沉降的作用);②由于假定基础底面以下土层处于完全侧限状态,只产生一维(竖向)压缩,不发生侧向变形,会使沉降计算值比实际偏小;③采用的压缩性指标由于土样扰动或土质不均匀而不能代表地基土层的实际性状。

(2)基本假定:①基底压力为线性分布;②采用基础中心点下附加应力,并用弹性理论进行计算;③地基只发生单向沉降,即土处于侧限应力状态;④只计算主固结沉降,不计算瞬时沉降和次固结沉降;⑤将地基分成若干层,分别计算基础中心点下地基中各个分层土的压缩变形量 s_i,认为地基的沉降量 s 等于 s_i 的总和,即 $s=\sum_{i=1}^{n}s_i$;⑥适当考虑上述假定引入的误差,根据荷载和地基条件对计算沉降量进行修正。

2-36 建筑物的地基变形可归纳成几种类型?举例说明不同种类的建筑物受哪类变形控制?

【解析】 建筑物的地基变形分为沉降量、沉降差、倾斜和局部倾斜。

(1)局部倾斜:砌体承重结构基础;

(2)沉降差:①框架结构;②砖石墙填充的边排柱;③当基础不均匀沉降时不产生附加应力的结构。

(3)倾斜:高耸建筑物。

2-37 何谓扩展基础?较之刚性基础它有什么优点?

【解析】 当基础的高度不能满足刚性角的要求时,可以做成钢筋混凝土基础,用钢筋承受基础底部的拉应力,以保证基础不发生断裂,称为扩展基础,包括柱下钢筋混凝土单独基础和墙下钢筋混凝土条形基础。由于采用钢筋承担弯曲所产生的拉应力,基础不需要满足刚性角的要求,高度可以较小,但是需要满足抗剪、抗弯、抗冲切破坏以及局部抗压的要求。

2-38 进行基础的强度验算和钢筋配置计算时,应该采用什么作用组合?基础底面作用压力应该如何计算?

【解析】 (1)进行基础的强度验算和钢筋配置计算时,采用承载能力极限状态下作用的基本组合。

(2)基础底面作用压力为净压力,不考虑基础自重及基础上覆土重时的压力。

2-39 何谓基础的冲切破坏?如何进行基础的冲切验算?

【解析】 钢筋混凝土学研究表明,构件在弯、剪荷载共同作用下,主要的破坏形式是先在弯剪区域出现斜裂缝,随着荷载增加,裂缝向上扩展,未开裂部分的正应力和剪应力迅速增加。当正应力和剪应力组合后的主应力出现拉应力,且大于混凝土的抗拉强度时,被拉断,出现斜拉破坏,在扩展基础上称为冲切破坏。冲切破坏控制基础的高度。

冲切验算:$F_l \leqslant [V]$

式中:F_l——基底冲切锥范围以外,净压力 p_j 在破坏锥面上引起的冲切荷载。

(1)对于轴心荷载:

$$F_l = A_c \cdot p_j$$

$$A_c = a \times b - (a_c + 2h_0)(b_c + 2h_0)$$

$$[V] = 0.7\beta_{hp} f_t b_p h_0$$

$$b_p = 2(a_c + b_c + 2h_0)$$

式中:β_{hp}——截面高度影响系数,当 $h \leqslant 800$mm 时,取 $\beta_{hp} = 1.0$,当 $h \geqslant 2000$mm 时,取 $\beta_{hp} = 0.9$,其间按线性内插法取用。

(2)对于偏心荷载:

$$F_l = A_c \cdot p_j$$

$$A_c = \left(\frac{a}{2} - \frac{a_c}{2} - h_0\right)b - \left(\frac{b}{2} - \frac{b_c}{2} - h_0\right)^2$$

$$[V] = 0.7\beta_{hp} f_t b_p h_0$$

$$b_p = (b_c + h_0)$$

2-40 如何从建筑物的布置上减轻不均匀沉降?

【解析】 (1)建筑物的体型应力求简单。

(2)控制建筑物的长高比。

(3)合理布置纵横墙。

(4)合理安排相邻建筑物之间的距离。

(5)设置沉降缝。

(6)控制与调整建筑物各部分标高。

2-41 有哪些结构措施可以减轻建筑物的不均匀沉降?

【解析】 (1)减轻建筑物的自重。

(2)减小或调整基底的附加压力。

(3)增强基础刚度。

(4)采用对不均匀沉降不敏感的结构。

(5)设置圈梁。

2-42 为减轻建筑物不均匀沉降所造成的危害,施工时可以采用什么措施?

【解析】 (1)对于灵敏度较高的软黏土,在施工时,应注意不要破坏其原状结构,在浇筑基础前需保留约200mm覆盖土层,待浇筑基础时再清除。若地基土受到扰动,应注意清除扰动土层,并铺上一层粗砂或碎石,经压实后再在砂或碎石垫层上浇筑混凝土。

(2)当建筑物各部分高低差别很大或荷载大小悬殊时,可以采用预留施工缝的办法,并按照先高后低、先重后轻的原则安排施工顺序;待预留缝两侧的结构已建成且沉降基本稳定后,再浇筑封闭施工缝，把建筑物连成整体结构。必要时还可在高的或重的建筑物竣工后，间歇一段时间再建低的或轻的建筑物，以达到减少沉降差的目的。

(3)施工时还需特别注意基础开挖时，由于井点排水、基坑开挖、施工堆载等原因可能对邻近建筑造成的附加沉降。

2-43　中等城市(人口约30万人)市区某建筑物地基的地质剖面如图所示，正方形单独基础的基底平均压力为120kPa(按永久荷载标准值乘以0.9计)，地区的标准冻深 z_0 = 1.8m，从冰冻条件考虑，求基础的最小埋置深度。

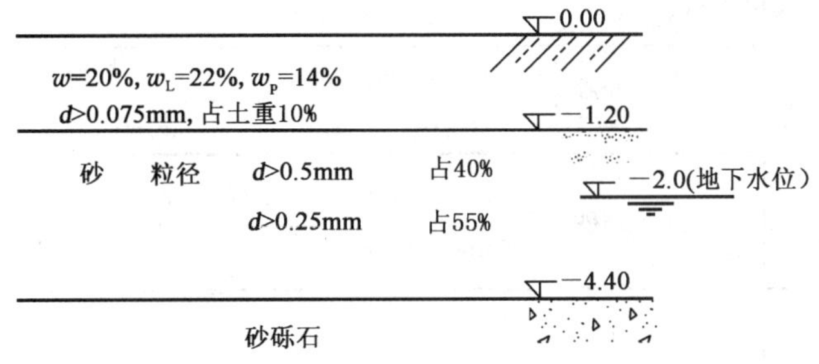

题2-43图　某市区建筑物地基的地质剖面图

【解析】　参见《基础工程》(第3版)47页：寒冷地区土的冻胀性和地基的冻结深度。

(1)地区的标准冻深 $z_0=1.8\text{m}$，中等城市(人口约30万人)市区，按城市近郊取值 $\psi_{ze}=0.95$。

(2)求场地冻结深度 $z_d=z_0\psi_{zs}\psi_{zw}\psi_{ze}$。

第一层土：$I_p=22-14=8<10$，$d>0.075\text{mm}$，占土重10%，判定第一层土的粉土。依据《建筑地基基础设计规范》(GB 50007—2011)条文5.1.7，$\psi_{zs}=1.2$；

$h_w=2-1.2=0.8\text{m}<1.5\text{m}$ 且 $19\%<w=20\%\leqslant22\%$，判定粉土的冻胀类别为冻胀，$\psi_{zw}=0.9$。

$z_d=1.8\times1.2\times0.9\times0.95=1.845\text{m}$。

第二层土：粒径 $d>0.5\text{mm}$，占40%；$d>0.25\text{mm}$，占55%，判定第二类土为中砂。依据《建筑地基基础设计规范》(GB 50007—2011)条文5.1.7，$\psi_{zs}=1.3$；$h_w=2-1.8=0.2\text{m}<1.0\text{m}$，因此题没有给出含水率，暂定 $12\%<w\leqslant18\%$，判定中砂的冻胀类别为冻胀，$\psi_{zw}=0.9$。

$z_d=1.8\times1.3\times0.9\times0.95=2.0\text{m}$。

(3)对于在场地冻深范围内有多层地基土的情况，在具体设计计算时可近似取冻深最大的土层作为场地冻深(保守设计)，即 $z_d=2.0\text{m}$。

当建筑基础底面土层为不冻胀、弱冻胀、冻胀土时，基础埋置深度可以小于场地冻结深度 $d_{min}=z_d-h_{max}$。

依据《建筑地基基础设计规范》(GB 50007—2011)附录G：正方形单独基础的基底平均压力为120kPa(按永久荷载标准值乘以0.9计)。

考虑采暖情况，$h_{max}=\dfrac{0.65+0.70}{2}=0.675m$，$d_{min}=2-0.675=1.325m$

不考虑采暖情况，$h_{max}=\dfrac{0.55+0.60}{2}=0.575m$，$d_{min}=2-0.575=1.425m$

2-44 地基工程剖面如图所示，条形基础宽度 $b=2.5m$，如果埋置深度分别为 0.8m 和 2.4m，试用《建筑地基基础设计规范》(GB 50007—2011)公式确定土层②和土层③层顶处的承载力特征值 f_a。

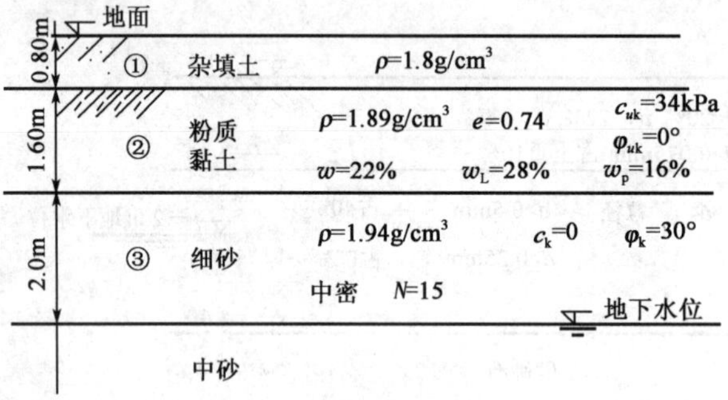

题 2-44 图

【解析】 参见《建筑地基基础设计规范》(GB 50007—2011)条文 5.2.5：

(1)当埋置深度 $d=0.8m$ 时，参见《建筑地基基础设计规范理解与应用》86 页

$\varphi_{uk}=\dfrac{0\times1.6+0.9\times30}{2.5}=10.8°$，$c_k=\dfrac{34\times1.6+0.9\times0}{2.5}=21.76$，查表 5.2.5，$M_b=0.18$，$M_d=1.73$，$M_c=4.17$

则 $f_a=0.18\times18.9\times2.5+1.73\times18\times0.8+4.17\times21.76=124.56kPa$

(2)当埋置深度 $d=2.4m$ 时，

$\varphi_k=30$，查表 5.2.5，$M_b=1.9$，$M_d=5.59$，$M_c=7.95$

$\gamma_m=\dfrac{18\times0.8+18.9\times1.6}{2.4}=18.6$

则 $f_a=1.9\times19.4\times3+5.59\times18.6\times2.4+7.95\times0=360.12kPa$

2-45 地基土层如图所示，在该地基上建桥，桥墩承受的荷载(包括地面以上桥墩的自重)为 5000kN，基础宽度 $b=3.0m$，求②、③、④各土层顶部的承载力。已知土层②现场载荷试验结果见表。

题 2-45 表

试验编号	临界塑荷载 p_{cr}(kPa)	极限荷载 p_u(kPa)
1	203	455
2	252	444
3	213	433

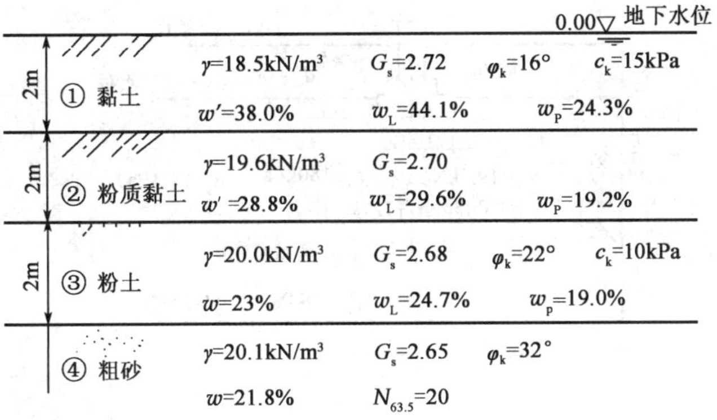

题 2-45 图　地基土层的分布示意图

【解析】 (1)参见《建筑地基基础设计规范》(GB 50007—2011)附录 C.0.7、C.0.8：

对于②土层顶部的承载力：

$$\overline{p_{cr}}=\frac{203+252+213}{3}=222.67\text{kPa}，且\ 0.3\ \overline{p_{cr}}=0.3\times 222.67=66.80\text{kPa}>252-203=49\text{kPa}$$

则 $p_{cr}=222.67\text{kPa}$；同理可得 $p_u=444\text{kPa}$

$$p_{cr}=222.67\text{kPa}>\frac{1}{2}p_u=\frac{1}{2}\times 444=222\text{kPa}，则\ f_{ak}=222\text{kPa}$$

参见《建筑地基基础设计规范》(GB 50007—2011)条文 5.2.4：

大于粉质黏土 $I_L=\dfrac{28.8-19.2}{29.6-19.2}=0.923>0.85$，则 $\eta_b=0$，$\eta_d=1.0$

$$f_a=f_{ak}+\eta_b\gamma(b-3)+\eta_d\gamma_m(d-0.5)=222+1.0\times 8.5\times 1.5=234.75\text{kPa}$$

(2)对于③土层顶部的承载力，参见《建筑地基基础设计规范》(GB 50007—2011)条文 5.2.5：

$\varphi_k=22$，查表 5.2.5，$M_b=0.61$，$M_d=3.44$，$M_c=6.04$

则 $f_a=0.61\times 10\times 3+3.34\times 4\times\dfrac{8.5\times 2+9.6\times 2}{4}+6.04\times 10=203.228\text{kPa}$

(3)对于④土层顶部的承载力，参见《建筑地基基础设计规范》(GB 50007—2011)条文 5.2.5：

$\varphi_k=32$，查表 5.2.5，$M_b=2.6$，$M_d=6.35$，$M_c=8.55$

则 $f_a=2.6\times 10.1\times 3+6.35\times 6\times\dfrac{8.5\times 2+9.6\times 2+10\times 2}{6}+8.55\times 0=435.65\text{kPa}$

2-46 已知按荷载标准组合承重墙每 1m 中心荷载(至设计地面)为 188kN，刚性基础埋置深度 $d=1.0$m，基础宽度 1.2m，地基土层如图所示，试验算至③层软弱土层的承载力是否满足要求？

【解析】 参见《建筑地基基础设计规范》(GB 50007—2011)条文 5.2.7：

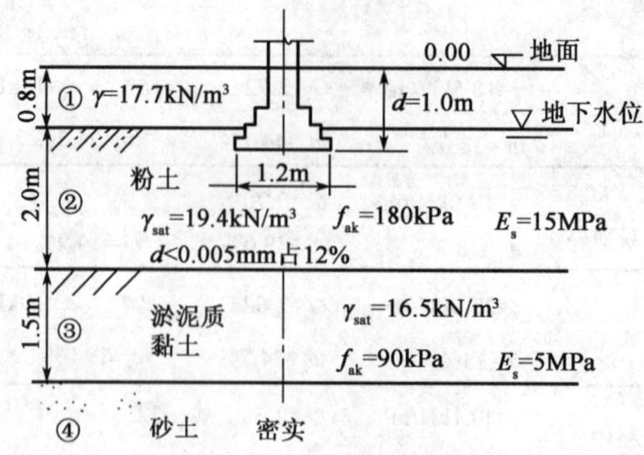

题 2-46 图　地基土层的分布示意图

$$f_{az}=f_{ak}+\eta_d\gamma_m(d-0.5)=90+1.0\times\frac{17.7\times0.8+9.4\times2}{2.8}\times(2.8-0.5)=117.07\text{kPa}$$

$$p_{cz}=17.7\times0.8+9.4\times2.0=32.96\text{kPa}$$

$$p_k-p_c=\frac{188+20\times0.8\times1.2+10\times0.2\times1.2}{1.2}-17.7\times0.8-9.4\times0.2=158.63\text{kPa}$$

$$\frac{E_1}{E_2}=\frac{15}{5}=3,\frac{z}{b}=\frac{1.8}{1.2}=1.5>1.0,\text{则 }\theta=23°$$

$$p_z=\frac{1.2\times158.63}{1.2+2\times1.8\times\tan23°}=69.82\text{kPa}$$

$$p_z+p_{cz}=32.96+69.82=102.78\text{kPa}<f_{az}=117.07\text{kPa}$$

满足第③层软弱土层的承载力的要求

2-47 在人口为 30 万的城镇建造单层工业厂房，厂房柱子断面为 0.6m×0.6m。按荷载标准组合在柱基上的荷载(至设计地面)为竖向力 $F=1000$kN，水平力 $H=60$kN，力矩 $M=180$kN·m，基础梁端集中荷载 $P=80$kN。地基为均匀粉质黏土，土的性质和地下水如图所示。地区的标准冻结深度 $z_0=1.6$m，厂房采暖。试设计柱下刚性基础。

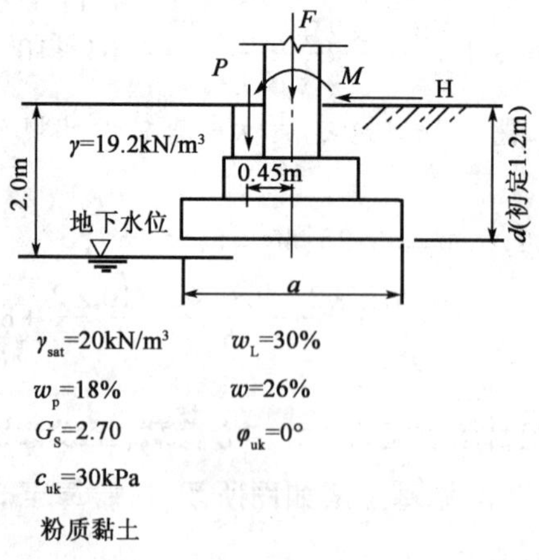

题 2-47 图　土的性质和地下水位高度

【解析】 (1)地基承载力修正。

对于持力层土层粉质黏土的承载力,参见《建筑地基基础设计规范》(GB 50007—2011)条文5.2.5:

$\varphi_{uk}=0$,查表5.2.5,$M_b=0, M_d=1.0, M_c=3.14$

则 $f_a=1.0\times19.2\times1.2+3.14\times30=117.24\text{kPa}$

(2)按中心荷载初估基底面积。

$$A_1=\frac{F}{f_a-\gamma d}=\frac{1000+80}{117.24-20\times1.2}=11.583\text{m}^2$$

考虑偏心荷载作用,将基底面积扩大1.3倍,即:$A=1.3\times11.583=15.01\text{m}^2$

采用 $a\times b=3.6\text{m}\times4.0\text{m}$

(3)验算基础埋深。

粉质黏土 $w=26\%$,$w_p+5<w<w_p+9$,$h_w=2-1.6=0.4\text{m}$,冻胀类别为冻胀 $\psi_{zs}=0.85$

粉质黏土,判定 $\psi_{zw}=1.0$

人口为30万的城镇,判定 $\psi_{ze}=0.95$

$z_d=z_0\psi_{zs}\psi_{zw}\psi_{ze}=1.6\times0.85\times1.0\times0.95=1.292\text{m}$

基底平均压力 $p=\dfrac{1080+20\times1.2\times3.6\times4.0}{3.6\times4.0}\times0.9=89.1\text{kPa}<110\text{kPa}$,$h_{max}$按内插进行求解。

$h_{max}=0+\dfrac{0.65-0}{110}\times89.1=0.5265\text{m}$,$1.292-1.2=0.092\text{m}<0.5265\text{m}$,基础埋深符合要求。

(4)验算基底压力。

$F_k+G_k=1080+20\times1.2\times3.6\times4=1425.6$

$M_k=180+60\times1.2+80\times0.45=288$

$$e=\frac{M_k}{F_k+G_k}=\frac{288}{1425.6}=0.2<\frac{4}{6}=0.67$$

$$p=\frac{1080}{3.6\times4}+20\times1.2=99<f_a=117.24\text{kPa}$$

$$p_{max}=99\times\left(1+\frac{6\times0.2}{4}\right)=128.7<1.2f_a=1.2\times117.24=140.688\text{kPa}$$

满足承载力的要求。

(5)确定基础构造尺寸:满足刚性角的要求,略。

2-48 **情况同习题2-47,试设计柱下扩展基础。**

【解析】 基础改用单独扩展基础,混凝土为C20($f_t=1.1\text{N/mm}^2$),高度取为600mm。

(1)荷载组合

根据地基承载力确定基础底面积以及选用基础台阶的宽高比(即刚性角),都是选用作用的标准组合,而进行扩展基础的计算应采用作用的基本组合。按《建筑地基基础设计规范》(GB 50007—2011),作用的基本组合效应可采用标准组合效应乘以1.35分项系数,因此,竖向力 $F=1.35\times1000=1350\text{kN}$,水平力 $H=1.35\times60=81\text{kN}$,力矩 $M=1.35\times180=243\text{kN}\cdot\text{m}$,基础梁端集中荷载 $P=1.35\times80=108\text{kN}$。

(2)基础底面净反力计算

荷载偏心距:$e=\dfrac{M}{F}=\dfrac{243+108\times0.45+81\times1.2}{1350+108}=\dfrac{388.8}{1458}=0.27<\dfrac{4}{6}=0.67$

基底净反力:

$$p_{\text{jmax}}=\frac{F}{A}+\frac{M}{W}=\frac{1458}{3.6\times4}+\frac{388.8}{\frac{1}{6}\times3.6\times4^2}=101.25+40.5=141.75\text{kPa}$$

$$p_{\text{jmin}}=\frac{F}{A}-\frac{M}{W}=\frac{1458}{3.6\times4}-\frac{388.8}{\frac{1}{6}\times3.6\times4^2}=101.25-40.5=60.75\text{kPa}$$

$$p_{\text{j}}=\frac{1}{2}\times(141.75+60.75)=101.25\text{kPa}$$

(3)基础冲切验算

①产生冲切的基底面积

$h_0=600-50=550\text{mm}$

$$A_{\text{c}}=\left(\frac{a}{2}-\frac{a_{\text{c}}}{2}-h_0\right)b-\left(\frac{b}{2}-\frac{b_{\text{c}}}{2}-h_0\right)^2=\left(\frac{4}{2}-\frac{0.6}{2}-0.55\right)\times3.6-\left(\frac{3.6}{2}-\frac{0.6}{2}-0.55\right)^2$$
$$=3.2375\text{m}^2$$

$F_l=A_{\text{c}}\cdot p_{\text{jmax}}=3.2375\times141.75=458.92\text{kN}$

②验算冲切破坏面的抗剪承载力

$[V]=0.7\beta_{\text{hp}}f_{\text{t}}b_{\text{p}}h_0,b_{\text{p}}=(b_{\text{c}}+h_0)$

$h_0=600-50=550\text{mm}<800\text{mm},\beta_{\text{hp}}=1.0$;C20 混凝土 $f_{\text{t}}=1.1\text{N/mm}^2=1100\text{kPa}$

$[V]=0.7\times1.0\times1100\times(0.6+0.55)\times0.55=487\text{kN}$

满足 $F_l<[V]$ 要求,基础不会发生冲切破坏。

(4)基础剪切破坏验算

$b=3.6>b_{\text{c}}+2h_0=0.6+2\times0.55=1.7$,故不需进行基础剪切破坏验算。

(5)柱边基础弯矩计算

柱边与远侧基础边缘距离:

$$a'=a_{\text{c}}+\frac{1}{2}(a-a_{\text{c}})=0.6+\frac{1}{2}\times(4-0.6)=0.6+1.7=2.3\text{m}$$

柱边缘处的地基净反力:

$$p_{\text{j I}}=p_{\text{jmin}}+\frac{p_{\text{jmax}}-p_{\text{jmin}}}{4}\times a'=60.75+\frac{141.74-60.75}{4}\times2.3=107.325\text{kPa}$$

$$M_{\mathrm{I}}=\frac{1}{48}(a-a_c)^2[(p_{\mathrm{jmax}}+p_{\mathrm{jI}})(2b+b_c)+(p_{\mathrm{jmax}}+p_{\mathrm{jI}})b]=\frac{1}{48}(4-0.6)^2[(141.75-107.325)\times(2\times3.6+0.6)+(141.75+107.325)\times3.6]=497.73\mathrm{kN\cdot m}$$

$$M_{\mathrm{II}}=\frac{1}{24}p_i(b-b_c)^2(2a+a_c)=\frac{1}{24}\times101.25\times(3.6-0.6)^2\times(2\times4+0.6)=326.53\mathrm{kN\cdot m}$$

根据 M_{I} 和 M_{II}，计算纵向和横向受力筋面积，然后布置钢筋。

第3章 柱下条形基础、筏形基础和箱形基础习题解析

3-1 **把柱下条形基础、筏形基础和箱形基础合在一章，其主要的共性是什么？**

【解析】 柱下条形基础、筏形基础和箱形基础体型大、埋置较深，承受较大荷载，上与结构形成整体，下与地基土紧密结合，共同作用，上部结构、基础与地基之间不但要满足静力平衡条件，而且要满足变形协调条件，以符合接触点应力与变形的连续性，反映共同作用的机理。

3-2、3 **什么叫作基础的局部弯曲？什么叫作基础的整体弯曲？在什么情况下，分析基础内力时，可以仅仅考虑局部弯曲作用？**

【解析】 (1)基础的局部弯曲：在讨论上部结构与基础的共同作用问题时，如图a)所示，假设地基是变形体且基础底面反力均匀分布。若上部结构为绝对刚性体(例如刚性很大的现浇剪力墙结构)，基础为刚度很小的条形或筏形基础，当地基变形时，由于上部结构不发生弯曲，各柱只能均匀下沉，约束基础不能发生整体弯曲。这种情况，基础犹如支承在把柱端视为不动铰支座的倒置连续梁，以基底反力为荷载，仅在支座间发生局部弯曲。

(2)基础的整体弯曲：若上部结构为柔性基础(例如整体刚度较小的框架结构)，如图b)所示，基础也是刚性较小的条、筏型基础，这时上部结构对基础的变形没有或仅有很小的约束作用。因而基础不仅因跨间受地基反力而产生局部弯曲，同时还要随结构变形而产生整体弯

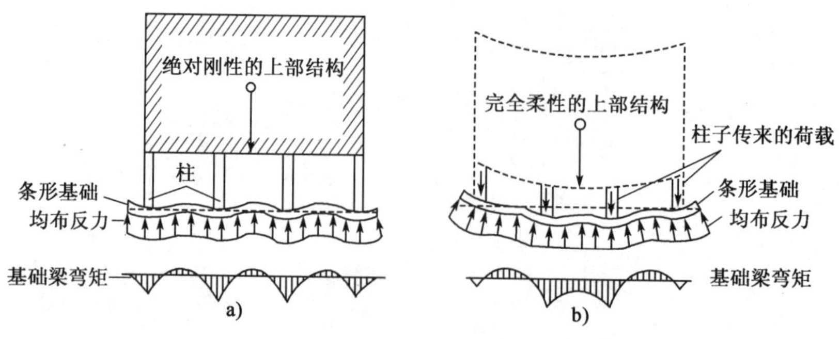

题解3-2图

曲，两者叠加将产生较大的变形和内力。

(3)当基础为刚度较小的柱下条形或筏形基础，分析基础内力时，可以仅仅考虑局部弯曲作用。

3-4、5　理想半无限弹性地基上，刚性很大的基础，受均匀分布荷载作用，基础底面反力分布是什么形式？实际地基土都有一定的抗剪强度，则受均匀分布荷载作用，基础底面反力的分布将发生什么变化？与均布荷载的强度有什么关系？

【解析】　(1)刚性基础对荷载的传递和地基的变形起约束和调整作用。假定基础绝对刚性，在其上方作用有均布荷载，为适应绝对刚性基础不可弯曲的特点，基底反力将向两侧边缘集中，迫使地基表面变形均匀以适应基础的沉降。当把基础视为完全弹性体时，基底的反力分布将呈图a)所示的抛物线分布形式。

(2)实际的地基土仅具有有限的强度，基础边缘处的应力太大，土要屈服而发生塑性变形，部分应力将向中间转移，于是反力的分布呈图b)马鞍形的分布。就承受剪应力的能力而言，基础下中间部位的土体高于边缘处的土体，因此，当荷载继续增加时，基础下面边缘处土体的破坏范围不断扩大，反力进一步从边缘向中间转移，其分布形式就成为图c)钟形的分布。如果地基土是无黏性土，没有黏结强度，且基础埋深很浅，边缘外侧自重压力很小，则该处土体几乎不具有抗剪强度，也就不能承受任何荷载，因此，反力的分布就变成图d)倒抛物线的分布。

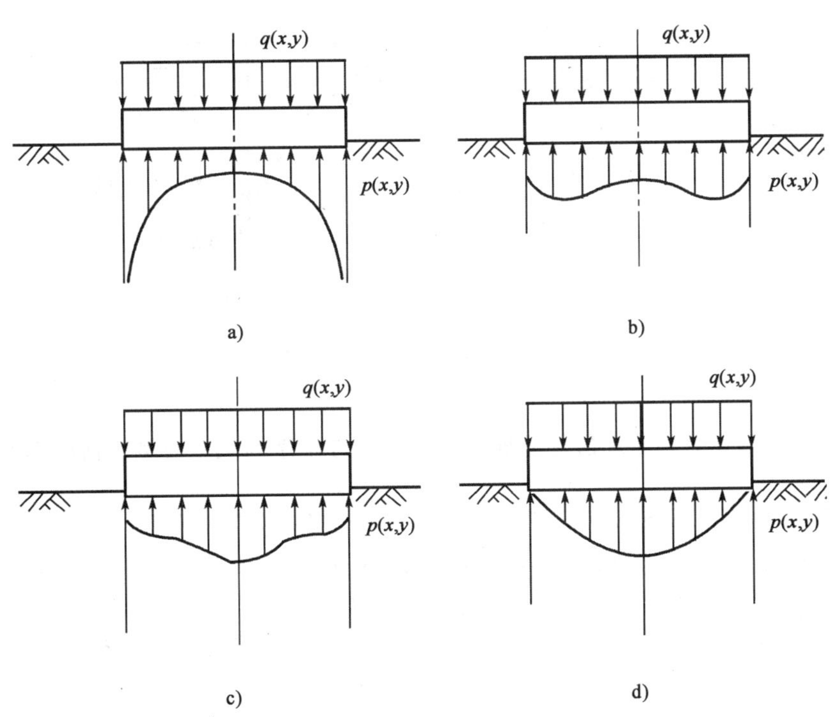

题解3-5图　刚性基础基底反力的分布

3-6　什么叫作文克尔地基模型？用公式表示？

【解析】　文克尔地基模型假定地基土表面任一点处的变形 s_i 与该点所承受的压力强度 p_i 成正比，而与其他点上的压力无关。

$$p_i = ks_i$$

3-7　什么叫作弹性半空间地基模型？通过公式 $s=\frac{1-\nu^2}{\pi E}\cdot\frac{P}{r}$，分析影响地基变形的因素，并说明它与文克尔地基模型的最主要区别？

【解析】　(1)弹性半空间地基模型是一个均质、连续、各向同性的半无限空间弹性体，按布辛内斯克课题的解答，弹性半空间表面上作用一竖向集中力 P，则半空间表面上离作用点半径为 r 处的地表变形值 $s=\frac{1-v^2}{\pi E}\cdot\frac{P}{r}$，如图所示。

(2)影响因素：基础形状、基础刚度、土的变形模量、土的泊松比。

(3)弹性半空间地基模型：地基表面一点的变形量不仅取决于作用在该点的荷载，而且与全部地面荷载有关。半空间模型假定 E、υ 是常数，同时，深度无限延伸，而实际上地基压缩土层都有一定的深度，而且变形模量 E 随深度而增加，因此，文克尔地基模型没有考虑计算点以外荷载对计算变形的影响，从而导致计算量偏小，半空间地基模型夸大了地基的深度和土的压缩性，导致计算得到的变形量过大。

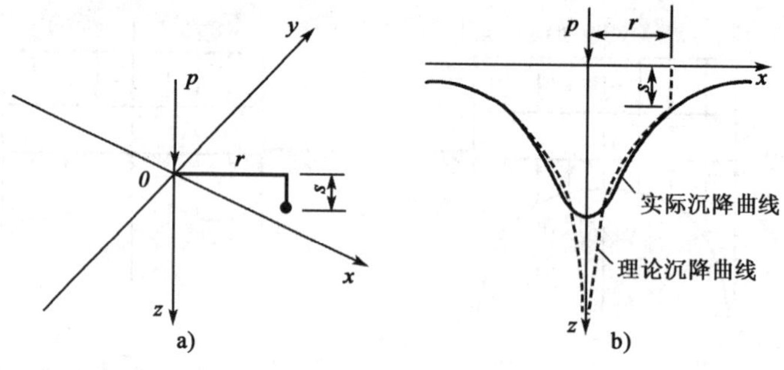

题解 3-7 图

3-8　什么叫作有限压缩层地基模型？它与弹性半空间地基模型有何区别？

【解析】　(1)有限压缩层地基模型把地基当成侧限条件下有限深度的压缩土层，以分层总和法为基础，建立地基压缩层变形与地基作用荷载的关系。

(2)有限压缩层地基模型的特点是地基可以分层，地基土假定是在完全侧限条件下受压缩，因而可以容易在现场或室内试验中取得地基土的压缩模量 E_s，并作为地基模型的计算参数。地基计算压缩层厚度 H 按分层总和法的规定确定。半空间模型假定 E、υ 是常数，同时深度无限延伸，而实际上，地基压缩土层都有一定的深度，而且变形模量 E 随深度而增加，半空间地基模型夸大了地基的深度和土的压缩性，导致计算得到的变形量过大。

3-9　总结三种模型的优缺点，并说明各适用于什么地基条件？

【解析】 (1)文克尔地基模型

优点：表述简单，应用方便。

缺点：地基仅在荷载作用区域下发生与压力成正比例的变形，在区域外的变形为零。实际上，地基是一个很宽广的连续介质，表面任意点的变形量不仅取决于直接作用在该点的荷载，而且与整个地面荷载有关，因此，严格符合文克尔地基模型的实际地基是不存在的。文克尔地基模型没有考虑计算点以外荷载对计算变形的影响，从而导致计算量偏小。

适用性：对于抗剪强度较低的软土地基，或地基压缩层较薄，其厚度不超过基础短边的一半，荷载基本上不向外扩散的情况。

(2)弹性半空间地基模型

优点：可以清楚表明变形量相关的作用在该点的荷载和全部地面荷载。

缺点：半空间模型假定E、υ是常数，同时深度无限延伸，而实际上地基压缩土层都有一定的深度，而且变形模量E随深度而增加，半空间地基模型夸大了地基的深度和土的压缩性，导致计算得到的变形量过大。

适用性：基础宽度比地基土层厚度小，土也并非十分软弱。

(3)有限压缩层地基模型

优点：地基可以分层，地基土假定是在完全侧限条件下受压缩，因而容易在现场或室内试验中取得地基土的压缩模量E_s作为地基模型的计算参数。地基计算压缩层厚度H按分层总和法的规定确定。

缺点：计算工作繁琐，工作量大。

适用性：地基土层分布复杂。

3-10～3-16　题目及解析　略(非核心考点)

3-17　筏形基础和箱形基础有哪些主要特点？

【解析】 (1)基础面积大。(2)基础埋置深。(3)具有较大的刚性和整体性。(4)可与地下室建造相结合。(5)可与桩基联合使用。(6)需要处理大面积深开挖基础对筏形基础与箱形基础设计与施工的影响。(7)造价高，技术难度大。

3-18　筏形基础和箱形基础多用于高层建筑，这时对荷载的偏心距有什么要求？

【解析】 筏形基础和箱形基础当不能满足承载力要求时，可适当加大基底面积，并尽量使基底平面形心与建筑物荷载重心相重合，避免偏心过大，造成基底压力分布不均匀而引起建筑物过度倾斜，当基底形心与荷载重心不能重合时，偏心距应满足如下要求：

(1)按作用的准永久组合计算：$e \leqslant 0.1\dfrac{W}{A}$。

(2)考虑地震作用,对高宽比大于4的高层建筑物,基础边缘不宜出现零应力区,即$e \leqslant \frac{W}{A}$,而对于其他建筑物,则允许基础出现小范围零应力区,一般不得超过基底面积的15%。

3-19 筏形基础和箱形基础的地基变形验算有什么特点?如何进行验算?

【解析】 (1)当基底压力小于或等于该处的自重应力时,需要计算的是地基的再压缩变形量。(2)当基底压力大于该处的自重应力时,地基变形分为两部分,一是相当于自重应力所引起的再压缩变形量,另一个是压力增量,即基底处的附加应力所引起的正常压缩变形量。

按下式进行计算:

$$s = \psi' \sum_{i=1}^{m} \frac{p_c}{E'_{si}}(z_i \overline{\alpha_i} - z_{i-1}\overline{\alpha}_{i-1}) + \psi_s \sum_{i=1}^{n} \frac{p_0}{E_{si}}(z_i \overline{\alpha_i} - z_{i-1}\overline{\alpha}_{i-1})$$

3-20 筏形基础和箱形基础上高层建筑的沉降用什么特征值控制?控制的标准是什么?

【解析】 筏形基础和箱形基础上高层建筑的沉降用地基承载力特征值控制,控制的标准是:对于中心荷载作用时,$p_k = \frac{F_k + G_k}{A} \leqslant f_a$;对于偏心荷载作用时,$p_{kmax} \leqslant 1.2 f_a$;当基础下有软弱的下卧层时,应进行软弱下卧层承载力验算。对于抗震设防区的建筑,应验算地基的抗震承载力。

3-21 筏形基础中,筏板分成几类?其厚度如何确定?

【解析】 筏形基础中,筏板分成平板式筏板和梁板式筏板。

(1)平板式筏板:厚度满足受弯承载力,尚应满足筒形结构下、柱下抗冲切承载力和筒边及柱边抗剪承载力的要求。对边柱和角柱进行冲切验算时冲切力应分别乘以1.1和1.2的放大系数。平板式筏板的最小厚度不应小于500mm。当柱荷载较大,等厚板不能满足抗冲切承载力要求时,可在筏板上增设柱墩、局部加厚或采用抗冲切箍筋,以提高抗冲切承载力。

(2)梁板式筏板:梁板式双向筏板冲切破坏锥体,作用在锥底的冲切荷载:$F_l = A_c \times p_a = (l_{n1} - 2h_0)(l_{n2} - 2h_0) \times p_n$,抗力$[V] = 0.7\beta_{hp} f_t u_m h_0$。

令$(F_l = [V])$,简化公式即为$h_0 = \frac{(l_{n1} + l_{n2}) - \sqrt{(l_{n1} + l_{n2})^2 - \frac{4p_n l_{n1} l_{n2}}{p_n + 0.7\beta_{hp} f_t}}}{4}$,从而求得满足抗冲切要求时板的有效高度$h_0$,$h_0$加上保护层厚度后即为满足抗冲切要求的板厚$h$,用有效高度$h_0$进一步验算是否满足斜截面抗剪承载力的要求。

3-22、3-23 题目及解析 略(非核心考点)

3-24 **何谓桩筏基础和桩箱基础？**

【解析】 建在软弱地基上，又要严格控制不均匀沉降的建筑物，如软弱地基上的超高层建筑、高低层错落的建筑、对沉降及不均匀沉降反应敏感的高精度装备或设施等，当采用筏形或箱形基础，尽管采用了加大基底面积，增加基础刚度和加大埋深的措施，但只解决满足承载力要求：由于基础底面积的加大，使地基受压层加深，地基仍可能产生较大的变形，不能满足这类建筑物的容许沉降与沉降差的要求。这类情况下，可在筏基或箱基下打桩，以减少沉降，即为桩筏基础或桩箱基础。

第4章 桩基础与深基础习题解析

4-1 按使用功能,桩可分成几类?

【解析】 ①竖向抗压桩;②竖向抗拔桩;③水平受荷桩;④复合受荷桩。

4-2 抗压桩按承载的性状可分成几类?影响这种分类的主要因素有哪些?

【解析】 (1)抗压桩按承载的性状可分成:①摩擦型桩:分为摩擦桩和端承摩擦桩。摩擦桩是指在承载能力极限状态下,桩顶竖向荷载基本由桩侧阻力承受,端阻力小到可以忽略不计。端承摩擦桩是指在承载能力极限状态下,桩顶竖向荷载主要由桩侧阻力承受;②端承型桩:分为端承桩和摩擦端承桩。端承桩是指在承载能力极限状态下,桩顶竖向荷载基本由桩端阻力承受,桩侧阻力小到可以忽略不计。摩擦端承桩是指在承载能力极限状态下,桩顶竖向荷载主要由桩端阻力承受。

(2)影响这种分类的主要因素有:土层分布、桩长、桩的刚度、桩身形状、是否扩底、成桩方法。

4-3 按成桩方法,桩可分成几类?各类的特点是什么?

【解析】 (1)非挤土桩。特点是预先取土成孔,成孔的方法是用各种钻机钻孔或人工挖孔。(2)挤土桩。主要是预制桩,将预制桩用锤击、振动或者静压的方法植入地基土中,这样就将桩身所占据的地基土挤到桩的四周了。(3)部分挤土桩。开口的沉管取土灌注桩,先预钻较小孔径的钻孔(称为引孔),然后打入预制桩,打入式敞口的管桩等都属于部分挤土桩。

4-4 按桩的长度或相对刚度,桩可分成几类?

【解析】 (1)按长度 l 可分为四类:① $l\leqslant 10\text{m}$ 称为短桩;② $10\text{m}<l\leqslant 30\text{m}$ 称为中长桩;③ $30\text{m}<l\leqslant 60\text{m}$ 称为长桩;④ $60\text{m}>l$ 称为超长桩。

(2)按照相对刚度 $\alpha l\left(\alpha=\sqrt[5]{\dfrac{mb_0}{EI}}\right)$:① $\alpha l\leqslant 2.5$ 为刚性短桩;② $2.5<\alpha l\leqslant 4.0$ 为弹性中长

桩;③$\alpha l \geqslant 4.0$ 为弹性长桩。

4-5　何为桩的侧阻力和端阻力？桩受力后这两种阻力是如何发挥的？它们是否能充分发挥？受哪些因素影响？

【解析】 (1)作用于桩顶的竖向压力由作用于桩侧的总摩阻力 Q_s 和作用于桩端的总端阻力 Q_p 共同承担,可表示为 $Q = Q_s + Q_p$。

(2)桩侧阻力和桩端阻力的发挥过程就是桩土体系的荷载传递过程。桩顶受竖向压力后,桩身压缩并向下位移,桩侧表面与相邻土间发生相对运动,桩侧表面开始受土的向上摩擦阻力,荷载通过侧阻力向桩周土中传递,就使桩身的轴力和桩身压缩变形量随深度递减。随着荷载增加,桩身下部的侧阻力也逐渐发挥作用,当荷载增加到一定值时,桩端才开始发生竖向位移,桩端的反力也开始发挥作用。所以靠近桩身上部土层的侧阻力比下部土层的先发挥作用,侧阻力先于端阻力发挥作用。

(3)①一般摩擦桩,侧阻力先于端阻力发挥,侧阻发挥的比例明显高于端阻;②对于长桩,即使桩端土很好,工作荷载下端阻力也很难发挥;③支承于坚硬岩基上的刚性短桩,摩擦阻力无法发挥作用,端阻力先于侧阻力发挥作用。

4-6　砂土中抗压桩的侧阻力沿桩身一般如何分布？侧阻力的发挥与哪些因素有关？

【解析】 (1)在极限荷载下,砂土中的侧阻力 q_s 值开始时深度近似线性增加,至一定深度后接近于均匀分布,此深度称为临界深度。

(2)①土的类型和状态;②桩土间相对位移,相对位移又与荷载大小,桩土模量比 E_p/E_s 有关;③桩径;④桩的入土深度;⑤成桩工艺。

4-7　对于纯摩擦桩,采用两根直径为 d 的细桩和一根长度相同但直径为 $2d$ 的粗桩,承载力相同,哪一种更经济？

【解析】 两种方案的桩比表面积相同,承载力相同。但是直径为 $2d$ 的桩所用材料是“两根直径为 d 的细桩”方案的 2 倍。考虑桩身材料造价,采用“两根直径为 d 的细桩”方案更经济。

4-8　何为侧阻力的临界深度？它与哪些因素有关？

【解析】 在极限荷载下,砂土中的侧阻力 q_s 值开始时,深度近似线性增加,至一定深度后接近于均匀分布,此深度称为临界深度。侧阻临界深度与砂土的密实程度有关。

4-9　桩的极限端阻力主要取决于什么因素？根据你学过的土力学理论,如何计算桩的端阻力？

【解析】 (1)①桩端土的类型和性质;②成桩工艺。

(2)根据极限承载力理论:$q_{pu} = \frac{1}{2}b\gamma N_\gamma + cN_c + qN_q$

4-10 何谓桩端阻力的临界深度 h_c？它受哪些因素的影响？

【解析】 (1)桩端阻力的临界深度 h_c：当桩端进入均匀持力层的深度小于临界深度 h_c 时，其极限端阻力随深度基本上是线性增加；当进入深度大于临界深度 h_c 时，极限端阻力基本不再增加，趋于一个常数。

(2)①桩的端阻力的临界深度 h_c 随持力层砂土的密度的提高而提高；②端阻临界深度 h_c 随桩径增大而增加。

4-11 竖向承压桩的承载力应如何确定？

【解析】 (1)现场试验法：①单桩竖向静载荷试验；②其他现场试验方法：动测桩法、深层平板载荷试验、岩基载荷试验。

(2)触探法。

(3)经验参数法。

4-12 桩的抗拔承载力如何确定？同样尺寸的桩，抗压桩与抗拔桩相比，一般哪一种承载力大？

【解析】 (1)①进行现场拔桩静载荷试验；②对于非重要建筑物，采用公式：a. 单桩抗拔极限承载力 T_{uk} 的标准值：$T_{uk}=\sum_{i=1}^{n}\lambda_{pi}q_{sik}u_k l_i$，单桩的抗拔验算：$N_k\leqslant\dfrac{T_{uk}}{2}+G_p$。b. 当群桩呈整体被拔出时，群桩中的每一根的抗拔极限承载力 $T_{gk}=\dfrac{1}{n}u\sum\lambda_i q_{sik}l_i$，这时，单桩的抗拔验算用下式 $N_g\leqslant\dfrac{T_{gk}}{2}+G_{gk}$。

(2)抗拔时，桩相对于土向上运动，桩周土的应力状态、应力路径和土的变形与承压桩不同。一般抗拔的摩阻力小于抗压的摩阻力。

4-13 地下车库的筏板基础下需设置抗浮桩，小桩直径 $d=600$mm，大桩直径 $d=1200$mm，长度相等，桩距均为 $3d$。一般情况下选用哪种桩比较经济？

【解析】 抗浮桩是摩擦桩(加上桩所受的重力)，考虑桩身材料造价，应该还是细桩方案比较经济一些。考虑梅花形布置，与纯摩擦桩可以做一些粗略计算，比较一下。但是经济比较的因素很多，比如大桩和小桩在施工机械、施工方法等方面都有差异。

4-14 产生桩负摩阻力的机理是什么？哪些工程情况下可能出现负摩阻力？

【解析】 (1)产生桩负摩阻力的机理：由于某些原因，使桩本身向下的位移量小于周围土体向下的位移量,从而使作用在桩上的摩擦力向下,这种摩擦力实际上成为作用在桩侧的下拉荷载,称为负摩阻力。负摩阻力减少了受压桩的承载力,增加桩上荷载,并可能导致过量沉降,因而在不能避免时应进行验算。

(2)①桩周地面上分布大面积的较大荷载;②桩身穿过欠固结软黏土或新填土层,桩端支承于较坚硬的土层上,桩周土在自重作用下随时间固结沉降;③由于地下水大面积下降(例如大量抽取地下水)使易压缩土层有效应力增加而发生压缩;④自重湿陷性黄土浸水下沉,冻土融陷;⑤在灵敏度土内打桩引起桩周围土的结构破坏而重塑和固结;⑥砂土液化。

4-15　何谓中性点?何种情况下中性点的深度等于桩的长度?

【解析】　(1)中性点:桩侧土层的压缩决定于地表作用荷载(或土的自重)和土的压缩性质,并随深度逐渐减小。桩在荷载作用下,桩底的下沉在桩身各截面都是定值,桩身压缩变形随深度逐渐减小。因此,桩侧土下沉量有可能在某一深度处与桩身的位移量相等。在此深度以上,桩侧土下沉大于桩的位移,桩身受到向下作用的负摩阻力;在此深度以下,桩的位移大于桩侧土的下沉,桩身受到向上作用的正摩阻力。正、负摩阻力变换处的位置,称为中性点。

(2)支撑在基岩上的非长桩,中性点的深度等于桩的长度。

4-16　如何计算桩的负摩阻力 q_n 值?

【解析】　(1)负摩阻力标准值:

$$q_{si}^{n} = K_0 \tan\varphi' \sigma' = \xi_n \sigma'$$

(2)在桩基设计时,可根据具体情况考虑负摩阻力对桩基承载力和沉降的影响:

①对于摩擦型桩,可取桩身计算中性点以上侧阻力为零,并可按下式验算桩的承载力:

$$N_k \leqslant R_a$$

②对于端承桩,除应满足上式要求外,尚应考虑负摩阻力引起桩的下拉荷载 Q_g^n,并可按下式验算基桩承载力:

$$N_k + Q_g^n \leqslant R_a$$

上面两式中 R_a 只计中性点以下部分侧阻力及端阻力。

③当土层不均匀或建筑物对不均匀沉降较敏感时,尚应将负摩阻力引起的下拉荷载计入附加荷载验算桩基沉降。

4-17　单桩水平承载力的大小取决于什么因素?

【解析】　(1)单桩水平承载力应满足三个基本要求:①桩周土不会丧失稳定;②桩身不会发生断裂破坏;③建筑物不会因桩顶水平位移过大而影响正常使用。

(2)能否满足以上三个要求取决于以下因素:①桩周的土质条件;②桩的入土深度;③桩的截面刚度;④桩的材料强度;⑤建筑物的性质;⑥桩顶的嵌固条件;⑦群桩中各桩的相互影响。

4-18 单桩水平承载力应如何确定?

【解析】 单桩水平承载力由单桩水平静载试验确定。单桩水平承载力特征值的确定符合下列规定:(1)当桩身不允许开裂或灌注桩的桩身配筋率小于0.65%时,可取水平临界荷载的0.75倍作为单桩水平承载力特征值。

(2)对钢筋混凝土预制桩、钢桩和桩身配筋率不小于0.65%的灌注桩,可取设计桩顶高程处水平位移所对应荷载的0.75倍作为单桩水平承载力特征值;水平位移可按下列规定取值:①对水平位移敏感的建筑物取6mm;②对水平位移不敏感的建筑物取10mm。

(3)取设计要求的水平允许位移对应的荷载作为单桩水平承载力特征值,且应满足桩身抗裂要求。

4-19 用理论分析方法求单桩水平承载力时,通常用什么地基模型?在该地基模型中,地基土的水平抗力系数 k_n 有几种假定的分布形式?

【解析】 (1)用理论分析方法求单桩水平承载力时,通常用文克尔地基模型。

(2)①常数法:$k_n = m$;②k法:假定 k_n 在挠度曲线的第一零点 z_t 以上为沿深度按直线($n=1$)或抛物线($n=2$)增加,其下为常数($n=0$);③m法:假定 k_n 随深度成比例增加。④c法:假定 k_n 随深度呈抛物线变化。

4-20 当水平抗力系数 k_n 用m法确定时,桩顶的位移、桩身最大弯矩的位置及弯矩值如何计算?

【解析】 (1)桩顶的位移:从教材中表4-9中查出折算深度 $\bar{h} = \alpha z = 0$ 时的 A_x 和 B_x 值,代入式(4-22)第一式求得的位移 $x_{z=0}$ 就是弹性长桩的水平位移。

(2)桩身最大弯矩的位置:$z_0 = \frac{\bar{h}_0}{\alpha}$,$\bar{h}_0$ 为最大弯矩点的折算深度,对弹性长桩,可在表4-12中,通过系数 C_1 查得 $\bar{h}_0$,其中 $C_1 = \alpha \frac{M_0}{H_0}$。

(3)最大弯矩值:$M_{max} = C_{II} M_0$,对于弹性长桩,式中系数 C_{II} 可在表4-12中,通过系数 C_1 查得。

4-21 桩基沉降计算方法分哪两大类?其主要区别是什么?

【解析】 (1)实体深基础法:将桩端平面作为弹性体的表面,用布辛内斯克解计算桩端以下各点的附加应力,再用单向压缩分层总和法计算沉降。所谓假想实体深基础,就是将桩端以上的一定范围的承台、桩及桩周土当成一实体深基础,也就是说,不计从地面到桩端平面间的压缩变形。这类方法适用于桩距 $s \leq 6d$ 的情况。

(2)明德林—盖得斯法:根据桩的荷载传递特点,将作用于单桩上的总荷载 Q 分解为桩端阻力 $Q_p = \alpha Q$ 和桩侧阻力 $Q_s = (1-\alpha)Q$ 两部分;而桩侧阻力 Q_s 又分为均匀分布的总摩阻力

$Q_{s1}=\beta Q$ 和随深度线性增加的总摩阻力 $Q_{s2}=(1-\alpha-\beta)Q$，其中，α 为端阻力占总荷载的比例，β 为均布摩阻力占总荷载的比例；根据明德林解推导出 Q_p、Q_{s1}、Q_{s2} 在地基中产生的附加应力计算公式，应用这些公式，就能计算各类桩在地基中产生的附加应力，进而计算出桩基的沉降。

4-22　用实体深基础法分析桩基沉降时可用哪两种方法？说明其要点？

【解析】　(1)荷载扩散法：扩散角取桩所穿过各土层内摩擦角加权平均值的$\frac{1}{4}$，则在桩端平面处的附加压力 $p_0=\frac{F+G_T}{\left(b_0+2l\times\tan\frac{\varphi}{4}\right)\left(a_0+2l\times\tan\frac{\varphi}{4}\right)}-p_c$，计算出桩端平面处的附加压力 p_0 后，则可按扩散以后的面积进行分层总和法沉降计算。

(2)扣除群桩侧壁摩阻力法：桩端平面处的附加压力 $p_0=\frac{F+G-p_{c0}ab-(a_0+b_0)\sum q_{sik}h_i}{a_0b_0}$，计算出桩端平面处的附加压力 p_0 后，则可按扩散以后的面积进行分层总和法沉降计算。

4-23　说明明德林—盖得斯桩基应力计算方法的适用条件和计算要点？

【解析】　明德林解是当荷载作用于半无限弹性体内部时求弹性体内部应力场的解答。

第 i 层土层中点出的附加应力 $p_i=\sum_{k=1}^{m}\sqrt{\sigma_{zp,k}+\sigma_{zs,k}}$，其中 $\sigma_{zp,k}$ 为第 k 根桩端荷载产生的附加应力；$\sigma_{zs,k}$ 为第 k 根桩侧荷载产生的附加应力。地基测沉降变形为 $s=\psi_p\sum_{i=1}^{n}\frac{p_i\Delta h_i}{E_{si}}$。

4-24　何为群桩效应和群桩效应系数？

【解析】　(1)群桩基础受力(主要是竖向压力)后，其总的承载力往往并不等于各个单桩的承载力之和，这种现象称为群桩效应。

(2)用以度量群桩承载力因群桩效应而降低或提高的幅度的指标叫作群桩效应系数 η_p，$\eta_p=\frac{\text{群桩基础承载力}}{\text{组成群桩基础的各单桩承载力之和}}$。

4-25　试用框图表示桩基的设计步骤，并解释每一步骤所包含的内容？

【解析】　桩基设计步骤如图所示。

(1)调查研究，收集设计资料：建筑物的有关资料、地质资料和周边环境、施工条件等资料。

(2)选定桩型、桩长和截面尺寸：根据土层分布情况，考虑施工条件、设备和技术等因素，确定桩型；根据持力层的深度和荷载的大小确定桩长、桩截面尺寸，同时进行初步设计与验算。

(3)确定单桩承载力的特征值，确定桩数并进行桩的布置、单桩承载力的特征值的确定:单桩的静载荷试验、其他现场试验、原位测试、经验方法。然后根据基础的竖向荷载和承台及其自重确定桩数。在初步确定桩数之后,就可以布置桩并初步确定承台的形状和尺寸。

(4)桩基础的验算:承载力验算、沉降验算。

(5)承台和桩身的设计、计算:承台和桩身强度验算、承台尺寸、厚度、承台的抗冲切、抗弯、抗剪验算、钢筋混凝土桩的配筋等设计。

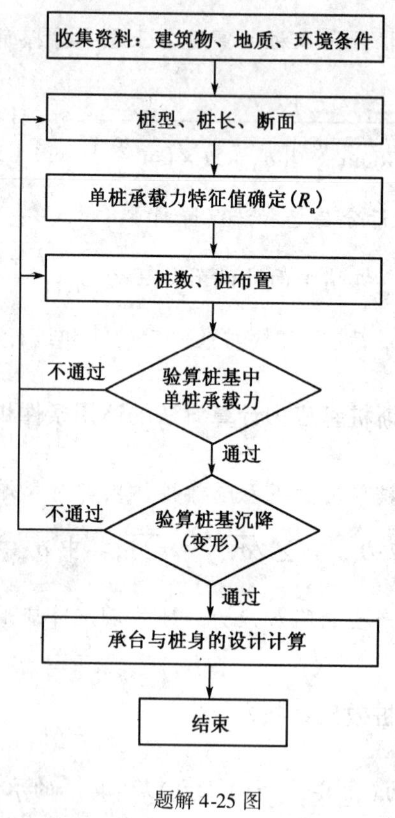

题解 4-25 图

4-26 设计桩基要进行哪些验算?相应每项验算采用哪种作用组合?

【解析】 (1)承载力验算:正常使用极限状态下作用的标准组合。

(2)沉降验算:正常使用极限状态下作用的准永久组合。

(3)承台和桩身强度验算:承载能力极限状态下作用的基本组合。

4-27 如何进行群桩基础中的单桩承载力验算?

【解析】 (1)由地基岩土对桩的支撑能力控制:作用组合为正常使用极限状态下作用的标准组合。

中心竖向力 F_k 作用下:$N_k = \dfrac{F_k + G_k}{n}$,$N_R \leqslant R_a$

偏心竖向力 F_k、M_{xk}、M_{yk} 作用下：$N_{ik} = \frac{F_k + G_k}{n} \pm \frac{M_{xk} y_i}{\sum_{j=1}^{n} y_j^2} \pm \frac{M_{yk} y_i}{\sum_{j=1}^{n} x_j^2}$，$N_{ik} \leq 1.2R_a$

在水平荷载作用下：$H_{ik} = \frac{H_k}{n}$，$H_{ik} \leq R_{ha}$

(2)由桩身混凝土强度控制，作用组合为承载能力极限状态下作用的基本组合 $N \leq A_p f_c \psi_c$。

4-28 桩承台分为哪几类？尺寸如何确定？承台平面内桩如何布置？

【解析】 (1)桩承台分为柱下或墙下独立承台、柱下或墙下条形承台梁、桩筏基础和桩箱基础的筏板承台、箱形承台。

(2)承台的尺寸与桩数和桩距有关，应通过经济技术综合比较确定，其尺寸主要满足抗弯、抗冲切、抗剪的要求。

(3)承台边缘距边桩的中心距离不小于桩的直径或桩的边长，且桩的外缘与承台边缘间距离不小于150mm，对于条形承台梁，桩的外缘距承台梁边缘距离不小于75mm；为了保证桩群与承台连接的整体性，桩顶嵌入承台的长度不宜小于50mm，对于大直径桩，不宜小于100mm；桩主筋插入承台的长度不宜小于50mm，对于大直径桩，不宜小于100mm；桩主筋插入承台的锚固长度不小于35倍主筋直径。对于大直径灌注桩，采用一柱一桩时，可设置承台或者将桩与柱直接连接起来。

4-29 桩承台应进行哪些内力计算？如何计算？

【解析】 (1)承台的抗弯计算：①多桩矩形承台(图1)：$M_x = \sum N_i y_i$，$M_y = \sum N_i x_i$。②等边三角形三桩承台(图2)：$M = \frac{N_{max}}{3}\left(s_a - \frac{\sqrt{3}}{4} b_s\right)$。③等腰三角形三桩承台(图3)：$M_1 = \frac{N_{max}}{3}\left(s_a - \frac{0.75}{\sqrt{4-\alpha^2}} a_s\right)$，$M_1 = \frac{N_{max}}{3}\left(\alpha s_a - \frac{0.75}{\sqrt{4-\alpha^2}} b_s\right)$，其中，$\alpha$ 为短向桩距与长向桩距之比。

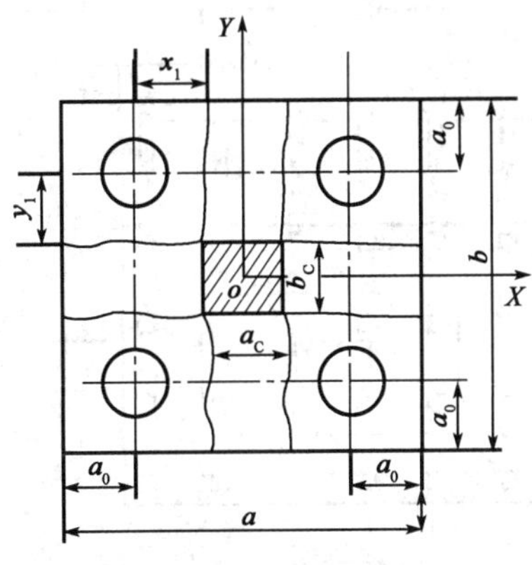

题解4-29图1 四桩承台的弯矩破坏模式

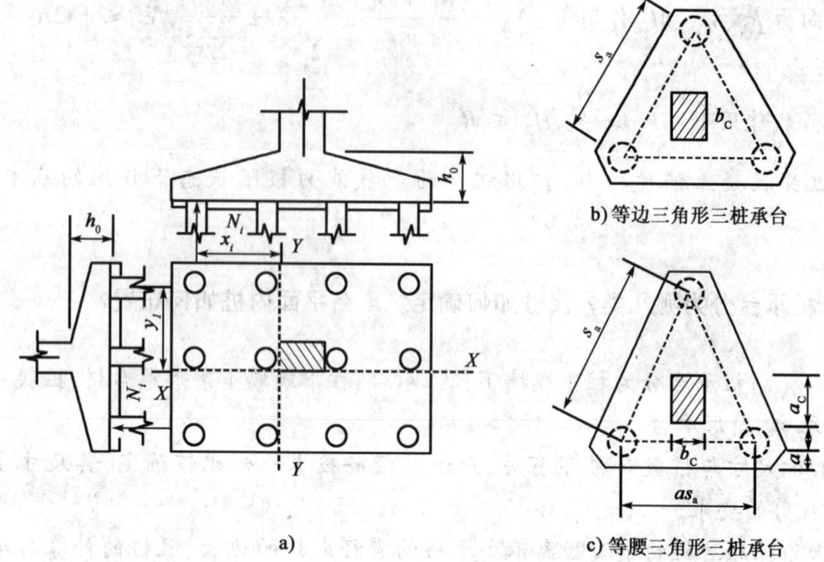

题解4-29图2　承台的抗矩计算示意图

（2）桩下柱基独立承台的冲切计算（图3）。

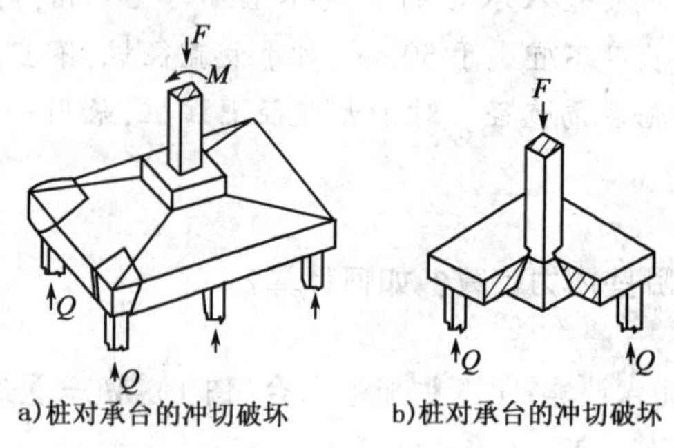

题解4-29图3　板式承台的冲切破坏示意图

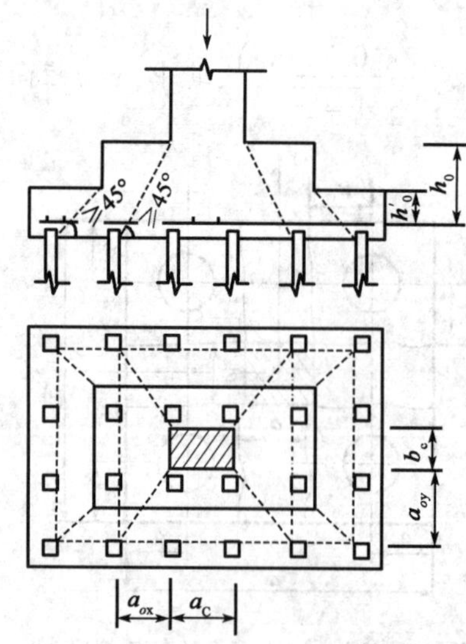

题解4-29图4　柱对承台的冲切计算示意图

①柱对承台的冲切

$$F_l \leqslant 2[\beta_{ox}(b_C + a_{oy}) + \beta_{oy}(a_C + a_{ox})]\beta_{hp}f_t h_0$$

$$F_l = F - \sum N_i$$

$$\beta_{ox} = \frac{0.84}{\lambda_{ox} + 0.2}, \lambda_{ox} = \frac{a_{ox}}{h_0}$$

$$\beta_{oy} = \frac{0.84}{\lambda_{oy} + 0.2}, \lambda_{oy} = \frac{a_{oy}}{h_0}$$

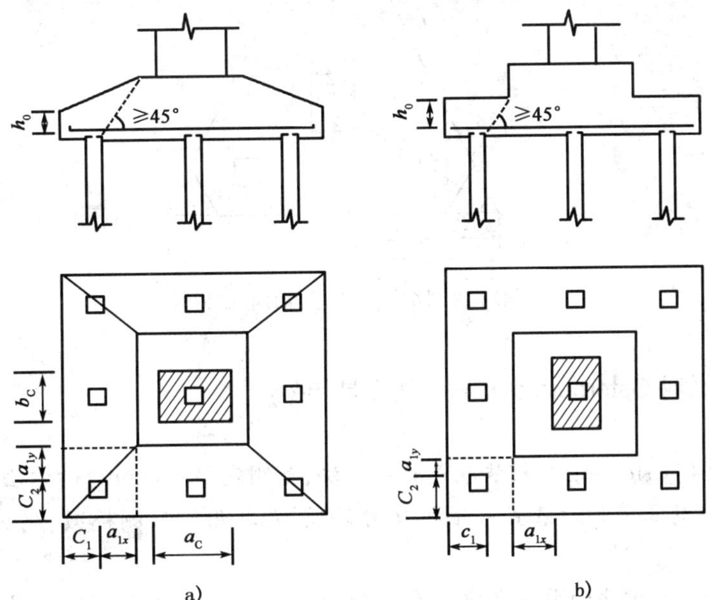

题解4-29图5　多桩矩形承台的角桩冲切计算

②角桩对承台的冲切计算

a. 多桩矩形承台的角桩冲切计算

$$N_l \leqslant \left[\beta_{1x}\left(C_2 + \frac{a_{1y}}{2}\right) + \beta_{1y}\left(C_1 + \frac{a_{1x}}{2}\right)\right]\beta_{hp}f_t h_0$$

$$\beta_{1x} = \frac{0.56}{\lambda_{1x} + 0.2}, \lambda_{1x} = \frac{a_{1x}}{h_0}$$

$$\beta_{1y} = \frac{0.56}{\lambda_{1y} + 0.2}, \lambda_{oy} = \frac{a_{1y}}{h_0}$$

b. 三桩三角形承台角桩的冲切计算(图6)

底部角桩：
$$\begin{cases} N_l \leqslant \beta_{11}(2c_1 + a_{11})\tan\dfrac{\theta_1}{2}\beta_{hp}f_t h_0 \\ \beta_{11} = \dfrac{0.56}{\lambda_{11} + 0.2}, \lambda_{11} = \dfrac{a_{11}}{h_0} \end{cases}$$

顶部角桩：$\begin{cases} N_l \leqslant \beta_{12}(2c_2 + a_{12})\tan\dfrac{\theta_2}{2}\beta_{\mathrm{hp}} f_{\mathrm{t}} h_0 \\ \beta_{11} = \dfrac{0.56}{\lambda_{12} + 0.2}, \lambda_{12} = \dfrac{a_{12}}{h_0} \end{cases}$

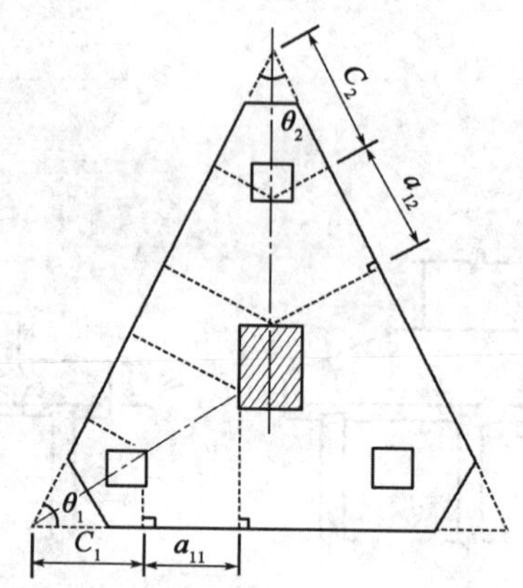

题解 4-29 图 6　三角形承台的角桩冲切计算

4-30 什么叫 Osterberg 测桩法？要点是什么？

【解析】 (1) Osterberg 测桩法就是自反力法，是测定单桩承载力的方法，它省去了在静载试验中必不可少的压重加荷装置或锚桩反力装置，尤其用于检测桥墩、码头等处的水下大型桩基。

(2) Osterberg 测桩法的要点是将一个类似于千斤顶的压力盒预先放置在桩的底部，然后制桩或沉桩，桩完成后，向压力盒加液压，使压力盒向上推动桩身，向下挤压桩端土，使侧阻力与端阻力互为反力，两者之和即为单桩承载力。

4-31 一个 Osterberg 测桩试验，桩径 d = 1200mm，桩长 20m，当桩端千斤顶施加压力为 1500kN 时，桩侧阻力和桩端阻力同时达到极限状态，求该桩的极限承载力。

【解析】 当桩端千斤顶施加压力为 1500kN 时，桩侧阻力和桩端阻力同时达到极限状态，桩的极限承载力 $Q_{\mathrm{u}} = Q_{\mathrm{su}} + Q_{\mathrm{pu}} = 1500\mathrm{kN}$。

4-32 什么叫作复合桩基？与一般桩基比较有什么优点？

【解析】 群桩基础是桩、土和承台三者的共同作用，承台贴地，桩间土承担相当部分的荷载，这种考虑承台底桩间土抗力的桩基叫作复合桩基，其中，单桩叫作复合基桩。优点：由于桩土相对位移，桩间土对承台产生一定竖向抗力，成为桩基竖向承载力的一部分而分担荷载，提高复合基桩承载力。

4-33 **什么叫作减沉桩基(疏桩基础)?说明其优点和要点?**

【解析】 软土地基天然地基承载力基本满足要求的情况下,为减小沉降采用疏布摩擦桩的复合桩基。优点:相比较扩大基础尺寸或进行地基处理,可以节省造价。

要点:减沉桩基中的桩为摩擦桩,但桩端应进入较好土层,以防沉降过大;减沉桩在承台产生一定沉降时,桩可充分发挥承载力并允许进入极限承载状态;桩与承台下土分配的荷载应当按照上部结构、基础与地基共同作用分析确定。

4-34 **某电厂锅炉基础采用458根嵌岩桩。但是由于勘察错误,施工中只有73根桩嵌入基岩,其余桩端距岩面15~30m不等,桩下实际为含泥碎石土层和黏性土层。预估承载后,基础会出现什么问题?**

【解析】 (1)定性分析,458根嵌岩桩中实际只有73根嵌岩桩,考虑到桩端土强度显著低于岩体强度,实际承载力可能大大低于设计值,因此,因承载力不足产生基础失稳的风险较高。这个案例主要(首先)是承载力问题。(2)如果是承载力不足产生的失稳破坏,在破坏时将伴随较大的沉降。(3)由于桩端土体变形模量小于岩体的模量,非嵌岩桩产生较大沉降,嵌岩桩沉降很小,这样的差异沉降会导致上部结构出现裂缝等破坏。

4-35 **如何区分深基础和浅基础?**

【解析】 浅基础:置于天然地基上,埋置深度小于5m的一般基础(柱基或墙基)以及埋置深度虽超过5m,但小于基础宽度的大尺寸的基础(箱基、筏形基础),在计算承载力时基础的侧面摩擦阻力不必考虑。

深基础:把基础直接放在地基深处承载力较高的土层上,埋置深度大于5m或大于基础宽度,在计算地基承载力时应考虑基础侧壁摩擦力的影响。

4-36 **从类型、施工方法和设计方法,比较墩基础和桩基础的异同?**

【解析】 (1)按墩的承载形状分类:抗压墩、抗滑墩、抗拔墩。

(2)按施工方法分类:①按成孔方法:挖孔墩、钻孔墩、冲孔墩;②护壁方式:有护壁和无护壁;③浇注方式:混凝土浇筑而成,有水下浇筑和干作业浇筑。

(3)设计方法:①墩的竖向抗压承载力:与单桩承载力一样,墩的竖向抗压承载力可通过现场载荷试验及经验公式确定,同时要满足墩身材料强度的条件;②墩的抗拔承载力:通过墩的抗拔试验确定;③墩的水平承载力:按现场水平载荷试验确定。

4-37 **什么叫作沉井基础?主要的特点何在?适用于什么条件?**

【解析】 (1)上下敞口带刃脚的空心井筒状结构,依靠自身或配以助沉措施下沉至设计标高处,以井筒作为结构的基础。

(2)①技术上可靠;②施工操作简便;③稳定性好,能支承较大荷载。

(3)下列情况不宜采用沉井基础:①土层中含有大孤石、大树干、沉没的旧船和被埋没的旧建筑物等障碍物时;②在地下水下的细砂、粉砂和粉土中,挖井时容易发生流沙现象,使挖土无法继续进行;③基岩面倾斜起伏大,沉井最后无法保持竖直,或者井底一部分位于基岩,一部分支承于软土,使其受力后发生倾斜。

4-38 某工程地基土层分布及土的性质如图所示,求预制桩在各层土的桩周极限侧阻力标准值 q_{sik} 和桩端极限承载力标准值 q_{pk}。

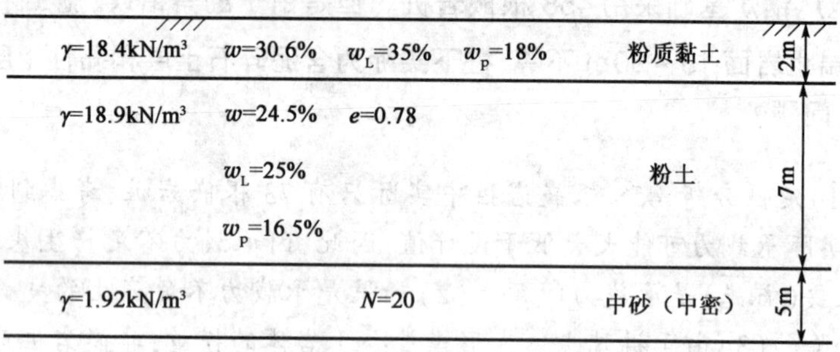

题4-38图 地基土层分布及土的性质

【解析】 参见168页(桩的侧阻力)和171页(桩的端阻力)。

粉质黏土: $I_L = \dfrac{\omega - \omega_p}{\omega_L - \omega_p} = \dfrac{30.6 - 18}{35 - 18} = 0.74$,查表4-2: $q_{s1k} = 55\text{kPa}$

粉土: $e = 0.78$,查表4-2并内插: $q_{s2k} = 66 + \dfrac{46 - 66}{0.15} \times (0.78 - 0.75) = 62\text{kPa}$

中砂(中密): $N = 20$,查表4-2: $q_{s3k} = 54 + \dfrac{74 - 54}{15} \times (20 - 5) = 60.67\text{kPa}$;查表4-3: $q_{pk} = 4000 \sim 6000\text{kPa}$

4-39 在题4-38的工程中,承台底部埋深为1m,钢筋混凝土预制方桩长300mm,桩长9m,问单桩承载力特征值 R_a 为多少?

【解析】 $Q_{uk} = Q_{sk} + Q_{pk} = u\sum q_{sik} l_i + q_{pk} A_p$

$Q_{uk} = Q_{sk} + Q_{pk} = 0.3 \times 4 \times (55 \times 1.0 + 62 \times 7 + 60.67 \times 1.0) + 0.3^2 \times 4200 = 1037.60\text{kN}$

$R_a = \dfrac{Q_{uk}}{2} = \dfrac{1037.60}{2} = 518.80\text{kN}$

4-40 土层和桩的尺寸如上题,若该桩用抗拔桩,计算单桩的抗拔承载力(抗拔系数取中间值)。

【解析】 参见公式(4-9)及表4-5:

$T_{uk} = \sum \lambda_{pi} q_{sik} u_i l_i$

$T_{uk}=0.3\times4\times(0.75\times55\times1.0+0.75\times62\times7+0.6\times60.67\times1.0)=483.78\text{kN}$

$R_a=\dfrac{Q_{uk}}{2}=\dfrac{1037.60}{2}=518.80\text{kN}$

4-41 已知某宽 7m 的条形基础，如图所示，其上作用有偏心垂直荷载标准值 1800kN/m，偏心距 0.4m，每延米基础上布置 5 根直径为 300mm 的桩，试计算中间桩和边桩所受的荷载值。

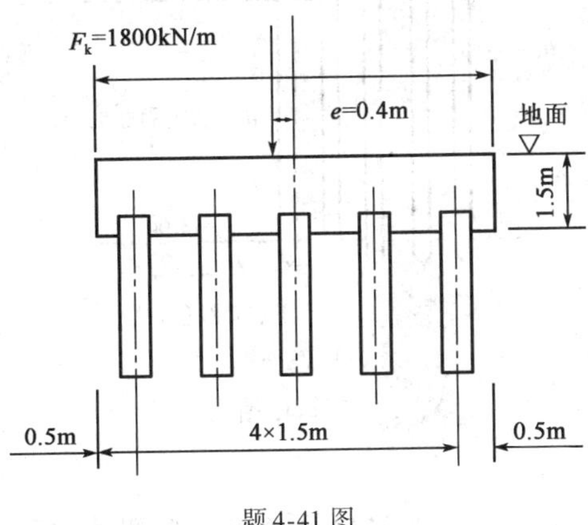

题 4-41 图

【解析】 参见《基础工程》(第 3 版)195 页：公式(4-38)和公式(4-39)：

中间桩：$N_k=\dfrac{F_k+G_k}{n}=\dfrac{1800+20\times1.5\times7\times1.0}{5}=402\text{kN}$

对于边桩：$M_{yk}=F_{ke}=1800\times0.4=720\text{kN}\cdot\text{m}$

$$N_{1k}=\frac{F_k+G_k}{n}+\frac{M_{yk}x_1}{\sum_{j=1}^{n}x_j^2}=402+\frac{720\times3}{2\times3^2+2\times1.5^2}=498\text{kN}$$

$$N_{2k}=\frac{F_k+G_k}{n}-\frac{M_{yk}x_1}{\sum_{j=1}^{n}x_j^2}=402-\frac{720\times3}{2\times3^2+2\times1.5^2}=306\text{kN}$$

4-42 有一低桩承台的桩基如图所示，共 5 排 25 根桩，桩距 1.0m，桩断面 300mm × 300mm，打入土中 14m，地基土形状见表 4-1，相关参数见表试按教材中式(4-7)计算单桩竖向抗压承载力特征值 R_a。

题 4-42 表

土层编号	ω(%)	γ(kN/m³)	G	ω_L(%)	ω_p(%)	I_p	I_L	e
Ⅰ	45	17.7	2.70	40	20	20	1.25	1.215
Ⅱ	26	20.0	2.70	30	18	12	0.667	0.702
Ⅲ	20	20.9	2.68	27	16	11	0.364	0.536

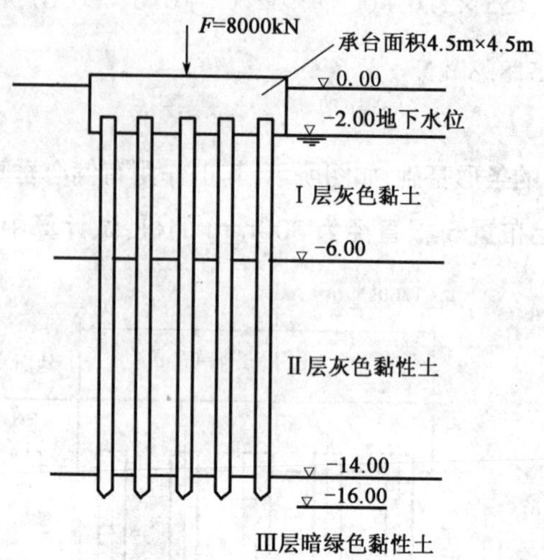

题 4-42 图

【解析】 参见《基础工程》(第3版)168页(桩的侧阻力,171页,桩的端阻力)。本题按预制方桩进行计算。

Ⅰ层灰色黏土:$I_L=1.25$,查表4-2:$q_{s1k}=30kPa$

Ⅱ层灰色黏性土:$I_L=0.667$,查表4-2并内插:$q_{s2k}=70+\frac{55-70}{0.25}\times(0.667-0.5)=60kPa$

Ⅲ层暗绿色黏性土:$I_L=0.364$,查表4-2并内插:$q_{s3k}=86+\frac{70-86}{0.25}\times(0.364-0.25)=78.7kPa$

$l=14m$,查教材中表4-3:$q_{pk}=2800kPa$

$$Q_{uk}=Q_{sk}+Q_{pk}=u\sum q_{sik}l_i+q_{pk}A_p$$

$$Q_{uk}=Q_{sk}+Q_{pk}=0.3\times4\times(30\times4+60\times8+78.7\times2)+0.3^2\times2800=1160.88kN$$

$$R_a=\frac{Q_{uk}}{2}=\frac{1160.88}{2}=580.44kN$$

4-43 柱下独立桩基础的承台埋深2.5m,底面积4m×4m,混凝土为C30,柱断面尺寸为1.0m×1.0m。采用4根水下钻孔灌注桩,直径$d=800mm$,布置如图所示,相应于作用的标准组合为$F_k=6067kN$,$M_k=407.4kN\cdot m$,(永久荷载效应控制)。所穿过土层的平均内摩擦角为$\varphi=12°$。

(1)计算单桩竖向承载力特征值R_a;

(2)验算桩基中的单桩承载力;

(3)计算承台的最大弯矩;

(4)进行柱的冲切验算;

(5)进行角桩冲切验算；

(6)若正常使用极限状态下，荷载效应的准永久组合为 $F=5400\text{kN}$(按中心荷载计算)，用实体深基础法计算桩基础中点的沉降。

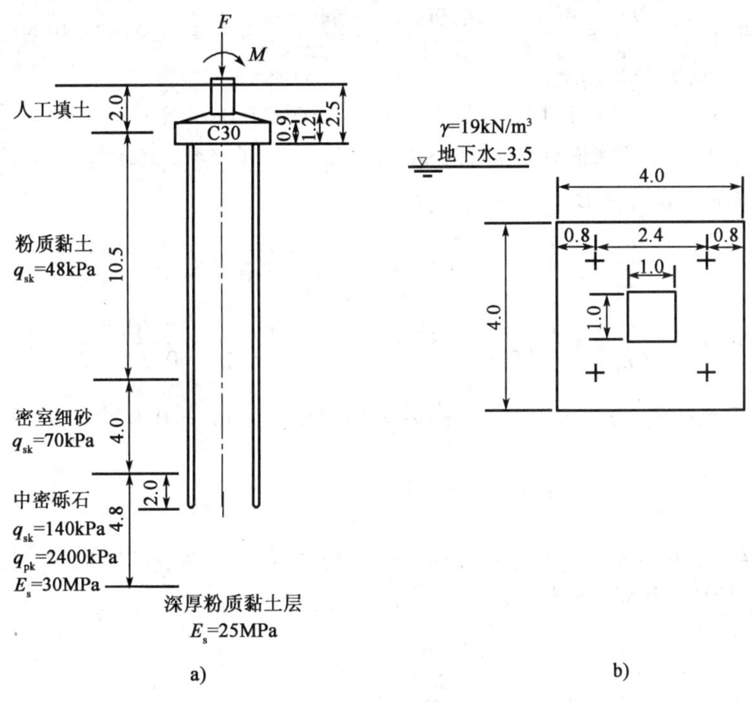

题 4-43 图

【解析】　保护层厚度 $h_0=50\text{mm}$，C30 混凝土强度 $f_t=14.3\text{N/mm}^2$

(1)确定单桩承载力特征值：

$$Q_{uk}=Q_{sk}+Q_{pk}=u\sum q_{sik}l_i+q_{pk}A_p$$

$$Q_{uk}=Q_{sk}+Q_{pk}=3.14\times0.8\times(10\times48+70\times4+140\times2)+3.14\times0.4^2\times2400=3818.24\text{kN}$$

$$R_a=\frac{Q_{uk}}{2}=\frac{3818.24}{2}=1909.12\text{kN}$$

(2)单桩承载力验算：

单桩的平均竖向力按教材中式(4-38)计算：$N_k=\dfrac{F_k+G_k}{n}=\dfrac{6067+20\times2.5\times4\times4}{4}=1716.75\text{kN}<R_a=1909.12\text{kN}$，符合要求。

按照式(4-39)计算单桩偏心荷载下最大竖向力：$N_{1k}=\dfrac{F_k+G_k}{n}+\dfrac{M_{yk}x_{i\max}}{\sum\limits_{j=1}^{n}x_j^2}=1716.75+\dfrac{407.4\times1.2}{4\times1.2^2}=1801.625\text{kN}<1.2R_a=2290.944\text{kN}$，符合要求。

(3)计算承台的最大弯矩：

在承台结构计算中，取相应于作用基本组合：$S=1.35S_k$

$F=1.35F_k=1.35\times6067=8190.45\text{kN}$

$M=1.35M_k=1.35\times407.4=549.99\text{kN}\cdot\text{m}$

各桩不计承台以及以上土重 G 部分的净反力：

最大竖向力 $N_{max}=\dfrac{F_k}{n}+\dfrac{Mx_{max}}{\sum_{j=1}^{n}x_j^2}=\dfrac{8190.45}{4}+\dfrac{549.99\times1.2}{4\times1.2^2}=2162.19\text{kN}$

$M_{max}=2N_{max}x=2\times2162.19\times(1.2-0.5)=3027.066\text{kN}\cdot\text{m}$

(4)柱的冲切验算，圆桩换方桩 $b=0.8d=0.8\times0.8=0.64\text{m}$，根据教材中式(4-50a)：

$F_l\leqslant2[\beta_{ox}(b_c+a_{ox})+\beta_{oy}(a_c+a_{ox})]\beta_{hp}f_th_0$

$a_{ox}=0.38\text{m},\lambda_{ox}=\dfrac{a_{ox}}{h_0}=\dfrac{0.38}{1.15}=0.33,\beta_{ox}=\dfrac{0.84}{\lambda_{ox}+0.2}=\dfrac{0.84}{0.33+0.2}=1.58$

$a_{oy}=0.38\text{m},\lambda_{oy}=\dfrac{a_{oy}}{h_0}=\dfrac{0.38}{1.15}=0.33,\beta_{oy}=\dfrac{0.84}{\lambda_{oy}+0.2}=\dfrac{0.84}{0.33+0.2}=1.58$

$a_c=b_c=1.0\text{m},\beta_{hp}=1.0+\dfrac{0.9-1.0}{1.2}\times(1.15-0.8)=0.97$

冲切力：$F_l=\dfrac{8195.45}{4}\times4=8195.45\text{kN}$

抗冲切力：$2[\beta_{ox}(b_c+a_{oy})+\beta_{oy}(a_c+a_{ox})]\beta_{hp}f_th_0=2\times[1.58\times(1.0+0.38)\times2]\times0.97\times1430\times1.15=13912.39\text{kN}>F_l$，满足要求。

(5)角桩冲切验算：

$N_l\leqslant\left[\beta_{1x}\left(c_2+\dfrac{a_1y}{2}\right)+\beta_{1y}\left(c_2+\dfrac{a_1x}{2}\right)\right]\beta_{hp}f_th_0$

冲切力：$N_l=N_{max}=2162.19\text{kN},c_1=c_2=1.12\text{m},\beta_{hp}=1.0+\dfrac{0.9-1.0}{1.2}\times(0.85-0.8)=0.996$

$a_{1x}=0.38\text{m},\lambda_{1x}=\dfrac{a_{1x}}{h_0}=\dfrac{0.38}{0.85}=0.447,\beta_{1x}=\dfrac{0.56}{\lambda_{1x}+0.2}=\dfrac{0.56}{0.447+0.2}=0.866$

$a_{1y}=0.38\text{m},\lambda_{1y}=\dfrac{a_{1y}}{h_0}=\dfrac{0.38}{0.85}=0.447,\beta_{1y}=\dfrac{0.56}{\lambda_{1y}+0.2}=\dfrac{0.56}{0.447+0.2}=0.866$

抗冲切力：$\left[\beta_{1x}\left(c_2+\dfrac{a_1y}{2}\right)+\beta_{1y}\left(c_1+\dfrac{a_1x}{2}\right)\right]\beta_{hp}f_th_0=2\times0.886\times\left(1.12+\dfrac{0.38}{2}\right)\times0.996\times1430\times0.85=2746.84\text{kN}>N_l$，满足要求。

(6)桩基础中点的沉降，用荷载扩散法计算，根据教材中式(4-27)：

$p_0=\dfrac{F+G_k-p_{c0}\times a\times b}{\left(a_0+2l\tan\dfrac{\overline{\varphi}}{4}\right)\left(b_0+2l\tan\dfrac{\overline{\varphi}}{4}\right)}$，式中：$F$ 为相应于作用准永久组合时分配到桩顶的竖向力。

$F=5400\text{kN},\dfrac{\overline{\varphi}}{4}=3^\circ,a_0=b_0=3.2\text{m},a_0+2l\tan\dfrac{\overline{\varphi}}{4}=b_0+2l\tan\dfrac{\overline{\varphi}}{4}=3.2+2\times16\times\tan3=4.88\text{m}$

$$A=\left(a_0+2l\tan\frac{\overline{\varphi}}{4}\right)\times\left(b_0+2l\tan\frac{\overline{\varphi}}{4}\right)=4.88\times4.88=23.79\mathrm{m}^2$$

$$p_0=\frac{5400+20\times4\times4\times2.5-19\times4\times4\times2.5}{23.79}=228.67\mathrm{kPa}$$

利用分层总和法计算桩基沉降：

$$s'=\sum\frac{p_0}{E_{si}}(z_i\alpha_i-z_{i-1}\alpha_{i-1})$$

参见《建筑桩基技术规范》(JGJ 94—2008)附录 D，见表确定平均附加应力系数 α，$\frac{a}{b}=\frac{2.44}{2.44}=1$。

平均附加应力系数 α 计算表　　　　题解 4-43 表

Z	Z/b	α	E_s
0	0	0.25	30
1.4	0.57	0.243	30
2.8	1.15	0.217	30
3.9	1.6	0.1939	30
5.368	2.2	0.1659	25
6.832	2.8	0.1433	25
8.296	3.4	0.1256	25
9.0	3.69	0.1183	25

$$s'=4\times\left[\frac{228.67}{30}\times0.217\times2.8+\frac{228.67}{25}\times(9.0\times0.1183-2.8\times0.217)\right]=35.24\mathrm{mm}$$

$$\Delta s=4\times\frac{228.67}{25}\times(9.0\times0.1183-8.296\times0.1256)=0.831\mathrm{mm}<0.025s'=0.881\mathrm{mm}$$

$$E'_s=\frac{\sum A_i}{\sum\frac{A_i}{E_{si}}}=\frac{9\times0.1183}{\frac{2.8\times0.217}{30}+\frac{9\times0.1183-2.8\times0.217}{25}}=27.63\mathrm{MPa}$$，查教材中表 3-13

$$\psi_p=0.8+\frac{0.6-0.8}{35-25}\times(27.63-25)=0.747$$

$$s=\psi_p s'=0.747\times35.24=26.32\mathrm{mm}$$

第5章 地基处理习题解析

5-1 什么叫作软弱地基?

【解析】 以淤泥和淤泥质土、松砂、冲填土、杂填土、泥炭土等软弱土所构成或占主要组成的地基,称为软弱地基。

5-2 哪些土类属于软弱土?

【解析】 软弱土包含:淤泥和淤泥质土、松砂、冲填土、杂填土、泥炭土。

5-3 如何从图中所示的饱和松砂不排水剪切试验曲线中解释流沙现象?

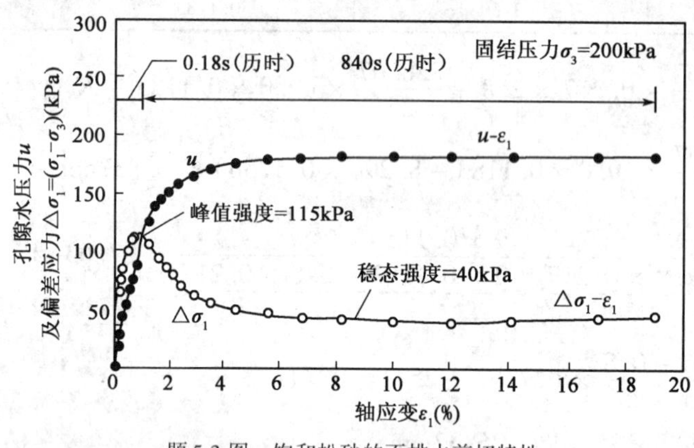

题5-3图 饱和松砂的不排水剪切特性

【解析】 当 ε_1 不大时,$(\sigma_1-\sigma_3)-\varepsilon_1$ 曲线即出现峰值,以后曲线呈快速应变软化,强度随轴向应变的发展而急剧降低,孔隙水压力 u 则随应变 ε_1 的增加而持续发展。当 ε_1 很大时,残留强度 s_u 很小,孔隙水压力接近于围压。处于这一状态的饱和松砂,在很小的剪应力作用下即处于流滑状态,出现流沙现象。

5-4 地基处理要达到哪些目的?

【解析】 (1)提高土的抗剪强度,提高地基承载力,增加地基的稳定性。

(2)减小土的压缩性,减少地基变形。

(3)改善土的渗透性,减少渗流量,防止地基渗透破坏。

(4)改善土的动力特性,减少振动反应,防止土体液化。

5-5 地基处理分成哪几个大类?其加固土的机理何在?

【解析】 (1)置换法:将地基内部软土挖除或挤出,换填以好土,可以分成水平的层式置换和竖直的柱式置换。

(2)加密法:利用各种压、振、挤的方法提高地基土的密度。

(3)胶结法:在软弱的地基土中灌入或掺入某些胶结材料,将碎散的土颗粒变成有一定黏结强度的颗粒集合体,还可以用冰冻和烧结的方法使土变成坚硬的块体。

(4)加筋法:在土中排放一定数量的土工合成材料甚至钢材,其作用类似于钢筋加入混凝土中,形成新的、强度高得多的材料——钢筋混凝土,也可以在土中掺以纤维丝,以改善土的性能。

5-6 换土垫层主要有哪些功能?

【解析】 (1)提高持力层的承载能力,减小基础尺寸,同时将建筑物基底压力扩散到地基中,使垫层下软弱地基土上的应力减小到许可承载力的范围内。

(2)置换基础下软弱的高压缩性土,减小地基的变形量。

(3)对于用砂石等透水材料填筑的垫层,有加速软土层排水固结的作用。

5-7 垫层材料主要有哪些要求?哪些土料(或掺料)适用于作为垫层材料?

【解析】 (1)对垫层材料主要有要求:①抗剪强度高;②压缩性小;③在地震区抗震稳定性好;④作为水工建筑地基时,有防渗要求。

(2)①砂石;②粉质黏土;③灰土;④三合土;⑤粉煤灰;⑥矿渣;⑦工业废渣;⑧土工合成材料。

5-8 垫层的主要尺寸(宽度和厚度)如何确定?

【解析】 (1)垫层的厚度根据垫层底部软弱土层的承载力确定,使作用在垫层底面处的自重压力与附加压力之和小于软弱土层的承载力,$p_{cz}+p_z \leqslant f_{az}$。一般情况下,垫层的厚度不宜小于0.5m,也不宜大于3m。

(2)垫层的宽度:①按应力扩散角的概念,满足应力扩散的要求。垫层底面宽度应满足:$B=b+2z\tan\theta$,同时还应满足施工的要求,在上式的基础上适当加宽。②垫层底面宽度确定以后,再根据开挖基坑所要求的坡角延伸至地面,以确定垫层顶面的宽度,同时还要满足垫层顶宽应较基础宽度每边至少放出300mm的要求。

5-9 什么叫压力扩散角θ？为什么θ值与垫层的比$\frac{z}{b}$有关系？

【解析】 (1)压力扩散角θ:众所周知,基础承受上部传来的荷载并将荷载传递给地基持力层,地基持力层就担负起承担并逐渐分散均匀地传给地壳的责任。这个逐渐分散的方式就是"扩散",扩散的规律是按照一定的角度往下逐渐扩大范围,这个扩散角度就是扩散角,其大小与基础材料的弹性模量与持力层的压缩模量有关、与持力层土的内摩擦角有关。应力扩散角的基本原理是根据土力学里上硬下软－应力扩散原理得来的,是地基压力扩散线与垂直线的夹角。

(2)解答见表:

题解 5-9 表

换填材料 / z/b	中砂、粗砂、砾砂、圆砾、角砾、石屑、卵石、碎石、矿渣	粉质黏土、粉煤灰	灰土
0.25	20°	6°	28°
≥0.50	30°	23°	

注:1. 当$z/b<0.25$时,除灰土取$\theta=28°$外,其余材料均取$\theta=0°$,必要时,宜由试验确定;
2. 当$0.25<z/b<0.5$时,θ值可内插求得;
3. 土工合成材料加筋垫层的压力扩散角宜由现场静载荷试验确定。

5-10 什么叫作复合地基？它与复合桩基有什么主要的区别？

【解析】 (1)复合地基:即部分土体被增强或被置换,形成由地基土和竖向增强体共同承担荷载的人工地基。

(2)复合地基与复合桩基的主要区别:①散体材料桩(柔性桩):不依靠桩的侧壁传递摩擦力,也不依靠桩端传递荷载,设计中视为与四周土体一起作为建筑物地基共同扩散基础传来的荷载。②胶结掺料桩(半刚性桩):依靠桩的侧壁阻力和桩端阻力传递荷载,由于基础底面与桩头之间设置砂石垫层,基础荷载经垫层分配给桩和桩间土,而不像一般桩基础,直接由承台将荷载传给桩,桩受载而下沉,再将部分荷载传给桩间土。

5-11 复合地基分为哪几类？设计上主要的特点是什么？

【解析】 (1)散体材料桩(柔性桩):不依靠桩的侧壁传递摩擦力,也不依靠桩端传递荷载,设计中视为与四周土体一起作为建筑物地基共同扩散基础传来的荷载。

(2)胶结掺料桩(半刚性桩):依靠桩的侧壁阻力和桩端阻力传递荷载,由于基础底面与桩头之间设置砂石垫层,基础荷载经垫层分配给桩和桩间土,而不像一般桩基础,直接由承台将荷载传给桩,桩受载而下沉,再将部分荷载传给桩间土。

5-12 散体材料桩复合地基的承载力如何计算？说明承载力计算式的物理概念。

【解析】 (1)散体材料桩复合地基的承载力:$f_{spk}=mf_{pk}+(1-m)f_{sk}$;对于小型工程,当无现场载荷试验资料时：

$$f_{spk}=[1+m(n-1)]f_{sk}$$

(2)承载力计算式的物理概念通过公式推导进行解释：

$$Af_{spk}=A_pf_{pk}+A_sf_{sk}$$

$$f_{spk}=\frac{A_p}{A}f_{pk}+\frac{A_s}{A}f_{sk}\Rightarrow f_{spk}=mf_{pk}+(1-m)f_{sk}$$

式中：A——每根桩所控制的面积；

A_p——桩的面积；

A_s——桩间土的面积。

5-13 什么叫作面积置换率 m 和桩土应力比 n?

【解析】 (1)每根桩的面积与其所控制的面积之比称为面积置换率，$m=d_0^2/d_e^2$。

(2)桩土应力比为桩的承载力 f_{pk} 与桩周土承载力 f_{sk} 之比，$n=f_{pk}/f_{sk}$。

5-14 试说明石灰桩加固地基的机理。它适用于加固哪些土类?

【解析】 (1)①成孔时对桩间土体的挤密作用；②灌入孔中的生石灰吸收土中水分，发生体积膨胀并产生热量，挤压四周土体，将进一步加密桩周土。

(2)适用于加固饱和黏性土、淤泥、淤泥质土。

5-15 什么叫作 CFG 桩? 用它加固地基时，地基的承载力如何计算?

【解析】 (1)CFG 桩，即水泥粉煤灰碎石桩，由水泥、粉煤灰、碎石等混合料加水拌和，在土中灌注，形成竖向增强体的复合地基。

(2)地基的承载力：

$$f_{spk}=\lambda mf_{pk}+\beta(1-m)f_{sk}$$

5-16 如何确定 CFG 桩的单桩承载力?

【解析】 CFG 桩的单桩承载力由两个因素控制：①$R_a=u_p\sum_{i=1}^{n}q_{si}h_i+\alpha q_pA_p$；②满足桩身材料的强度要求：$\eta f_{cw}\geqslant\frac{R_a}{A_s}$。

5-17 在复合地基的桩顶与基础之间总设置砂垫层，说明该垫层的主要作用。

【解析】 砂垫层起调整、分布基底荷载的作用。在复合地基中，基底荷载直接作用在砂石垫层上，受力后桩头刺入垫层上，受力后桩头刺入垫层中，桩的上部产生负摩擦作用，其结果使基底荷载在桩与桩间土中重新分布，形成桩土共同作用。

5-18　水泥土搅拌桩可分为几类？如何成桩？

【解析】 (1)水泥土搅拌桩的施工工艺分为浆液搅拌法(湿法)和粉体搅拌法(干法)两类。

(2)湿法是在强制搅拌时喷射水泥浆与土混合成桩。干法是在强制搅拌时,喷射水泥粉与土混合成桩。

5-19　高压喷射注浆法按成桩设备分成几类？为什么双管法(或双重管法)比单管法能制作出直径较大的桩？

【解析】 (1)高压喷射注浆法按成桩设备分成单管法、两管法、三管法。

(2)①单管法是浆液从单根管侧面的管嘴喷出,冲击破坏土体,同时借助喷嘴的旋转和提升运动,使浆液与从土体上崩落下来的土块搅拌混合,由于浆液直接在土和水中喷射,所以形成旋喷桩的直径较小,一般为0.5～0.8m。②两管法是在喷射管内装有两根小管分别输浆和输气,管底有一双重喷嘴,内喷嘴喷射出高压浆液,外喷嘴则喷射压缩空气,因此,在高压液流外围绕着一圈气流,在其共同作用下,破坏土体的能量显著增加,形成旋喷桩的直径也明显增加,一般为1～2m。

5-20　水泥土搅拌法和高压喷射注浆法的主要特点是什么？适用于什么土类？

【解析】 (1)水泥土搅拌法和高压喷射注浆法的主要特点是:①最大限度的利用原土。②搅拌时无振动、无噪声和无污染,对周围原有建筑物及地下沟管影响很小。③根据上部结构的需要,可以灵活采用柱状、壁状、格栅状和块状等加固形式。

(2)①水泥土搅拌法:适用于处理正常固结的淤泥和淤泥质土、粉土、黄土、素填土、黏性土以及无流动地下水的饱和松散砂土地基。其中,当地基土的天然含水率小于30%(黄土含水率小于25%)时不宜采用干法。另外,对于泥炭土、有机质土、pH小于4的酸性土、塑性指数I_p大于25的黏土以及无工程经验的地区,都需要通过现场试验,以确定地基土是否适用于水泥土搅拌法处理。②高压喷射注浆法:适用于处理淤泥、淤泥质土、流塑、软塑和可塑的黏性土,松软的粉土、黄土以及松散的砂土和碎石土。对于土层中含有大直径的块石、大量植物根茎或较高有机质含量以及地下水流塑太大的工况,则应进行现场试验,以确定其适用性。

5-21　为什么压实黏性土要控制适当的含水率而压实砂土则要充分洒水？

【解析】 对于黏性土而言,重要影响因素是土的含水率。含水率较低的土,因为大量空气的存在,孔隙水都成毛细水,弯液面曲率大,毛细力也大,因而土粒间存在着可观的摩擦阻力,阻碍颗粒的移动,所以土不容易压密。当含水率很大时,气体处于封闭状态,在短暂荷载作用下,水不容易排出,土不容易被压密。对于砂土,由于很容易排水,所以水的存在,可以减小粒间摩擦而不会影响颗粒间的相互挤密,所以压密砂土时要充分洒水。

5-22 深层挤密法中的土桩与置换法中复合地基的土石桩功能上的主要差异是什么?

【解析】　砂石桩置换法以置换为主,经置换后,桩体的刚度高于四周土的刚度,故按复合地基设计。砂桩挤密法以沉管挤密改善土性为主,桩体的刚度与挤密后土体的刚度差别不是很大,处理后可按均匀土层设计。

5-23 振冲法是常用的一种地基加固方法,试说明其加固地基的机理。

【解析】　振冲法多用于振密松散的松砂和砂坡。砂土在振冲器不断射水和振动作用下,饱水液化,丧失强度,振冲器很容易靠自重不断沉入土中。在这一过程中,加固范围内的砂土自身在振密,悬浮着的砂粒被挤入孔壁,同时饱和了的土中产生孔隙水压力引起渗流固结,整个加固过程是挤密、液化和渗流固结三种作用的综合结果,形成加固后的密实排列结构。

5-24 在振冲法中选择填料很重要,应该如何选择填料和评价填料的适宜性?

【解析】　(1)选择填料,应考虑填料的级配、回填速度、向上的水流速度对加密效果和施工速度的影响。细纱、粗砂、圆砾、碎石和炉渣都可以作为回填材料。

(2)通过公式 $S=1.7\sqrt{\frac{3}{D_{50}^2}+\frac{1}{D_{20}^2}+\frac{1}{D_{10}^2}}$和下表所示来评价填料的适宜性。

填料适宜性评价　　题解 5-24 表

S 值	0 ~ 10	10 ~ 20	20 ~ 30	30 ~ 50	>50
填料适宜性评价	最好	好	良	差	不适宜

5-25 如何确定经过砂桩加固后地基的承载力?

【解析】　砂桩加固后地基的承载力可按现场载荷试验或者按公式 $f_{spk}=\lambda m f_{pk}+\beta(1-m)f_{sk}$ 估算。

5-26 什么叫作强夯法?说明强夯法加固地基的机理。

【解析】　(1)强夯法是将几十千牛至几百千牛,亦即几吨到几十吨的重锤,从几米至几十米的高度自由下落,利用落体的巨大能量,对地基土冲击而起加固作用,是有效的深层加固方法。

(2)加固机理:利用重锤下落产生强大夯击能量,在土中形成冲击波和很大的应力,其结果除了使土粒挤密外,还可在高含水率的土体中产生较大的孔隙水压力,甚至可导致土体暂时液化。同时,巨大能量的冲击,使夯点周围产生裂缝,形成良好的排水通道,加快孔隙水压力消散,从而使土进一步加密。

5-27 如何确定强夯法的有效加固深度？

【解析】 强夯法的有效加固深度从最初起夯面算起，并应根据现场试验或当地的经验确定。当缺乏试验资料或经验时，按下式估算：$H=k\sqrt{\frac{Gh}{10}}$

5-28 为什么强夯法施工中每遍夯之间要有一定的间歇时间？间歇时间的长短该如何确定？

【解析】 (1)间隔时间取决于夯击在土中产生的超静孔隙水压力的消散速度。

(2)间隔时间的确定，当缺少实测资料时，可根据地基土的渗透性确定。对于渗透性差的黏性土地基，间隔时间应不少于3～4周，对于渗透性好的砂土地基，则可连续夯击。

5-29 预压加固法分成哪几类？简要说明每类方法的加固原理。

【解析】 (1)①堆载预压法；②真空预压法；③降水预压法。

(2)①堆载预压法：地基上堆加荷载使地基土固结压密；②真空预压法：通过对覆盖于竖井地基表面的封闭薄膜内抽真空排水使地基土固结压密；③降水预压法：在进行预压加固的地基中打井点，进行抽水，使地下水位下降，用提高土层的有效自重应力的方法对地基土进行压密。

5-30 堆载预压法是最常用的预压法，如何确定堆载的强度和预压的时间？

【解析】 (1)堆载预压法通常要求堆载的强度达到基础底面的设计压力，加载后的固结度达到90%以上。对于沉降有严格要求的建筑物，可以提高预压荷载，可达到设计荷载的1.2～1.5倍，并控制在预定的时间内受压土层各点的竖向有效预压压力等于或大于建筑物荷载在相应点所引起的附加应力，因此预压需要有足够的时间。

(2)达到某一固结度所需的时间，主要取决于土的渗透性、压缩性、边界排水条件。为了加速土层的固结，常用的办法是在进行预压的土层中设置竖向排水体。

5-31 砂井预压法的原理是什么？如何计算预压的固结度？

【解析】 (1)在进行预压的土层中设置竖向排水体，常用打砂井，井的间距小于加固土层的厚度，有效缩短渗流途径，加速土层固结速度。

(2)总的固结度：

$U_t=1-[(1-U_{zt})(1-U_{rt})]$

5-32 为什么堆载预压固结法要严格控制加载的速率？

【解析】 堆载时要保证堆载速率与软弱土层因固结压密而引起强度增长的速率相适

应。堆土太快，大部分堆载压力为孔隙水所承担，有效应力增加很少，土的强度得不到应有的提高，这种情况可能导致堆载过程中地基土发生破坏，所以控制加载速率是一个很重要的问题。

5-33　试说明真空预压法的基本原理，为什么用这种方法可以不必控制加载速率？

【解析】　(1)真空预压法：就是将不透气的薄膜铺设在准备加固的地基表面的砂垫层上，借助于真空泵和埋设在垫层内的管道，将垫层内和砂井中的空气抽出，形成真空腔，促使垫层下待加固的软土排水压密。

(2)真空预压法和堆载预压法的区别：①堆载预压法是在要加固的地基表面堆填荷载，使地基内土的总应力增加，剪应力也随着增加，导致堆载下面的土体向外挤出。如果加载的速率没有控制好，就会出现前面所述的地基土发生剪切破坏的现象。②真空预压法因为地面没有增加荷载，地基土的总应力不变，剪应力没有增加，土体没有向外挤出的趋势，因而不会发生地基剪切破坏，所以真空预压法不必控制加载速率，可以在短期内一次提高真空度达到要求的数值，缩短预压时间。

5-34　灌浆法是水工建筑物地基加固的主要方法，灌浆法分成哪几类？各应用于什么条件？

【解析】　(1)渗透灌浆：适用于砂卵石。(2)劈裂灌浆：渗透系数较小的软黏土。(3)压密灌浆：适用于加固软弱的黏性土，如淤泥、淤泥质土等。

5-35　何谓浆液的可灌性？用什么指标来衡量？

【解析】　原则上只要灌浆材料的颗粒尺寸 d 小于被灌土的有效孔隙或裂隙的尺寸 D_p 时，即净空比 $R(R=D_p/d)$ 大于1，浆液就是可灌的。

5-36　常用的化学灌浆有哪些种类？主要的优缺点是什么？

【解析】　(1)聚氨酯：采用异氰酸酯等作为主要原材料，再掺入各种外加剂配制而成。浆液灌入地层后遇水即反应生成聚氨酯泡沫体，可起到加固地基和防渗堵漏作用。(2)硅酸盐：也称水玻璃，具有价格较低、渗入性好和无毒性等优点，是以硅酸钠(即水玻璃)为主剂，加入胶凝剂以形成凝胶。(3)氢氧化钠：简称碱液，具有设备简单、施工操作容易且造价较低的优点。

5-37　何谓劈裂灌浆？适用于什么条件？

【解析】　劈裂灌浆：以合适的压力向钻孔内泵送浆液，要求泵送的压力足以克服土层的初始应力和土的抗拉强度，土体就被劈裂。劈裂缝一般与小主应力方向垂直，即为竖直向的裂缝，它很容易与土体内的隐蔽裂隙和孔洞贯通，于是浆液经过裂缝将隐蔽的裂隙和孔洞填充，从而起到加固土体的作用。适用于渗透系数较小的软黏土。

5-38 **何谓压密灌浆？适用于什么条件？**

【解析】 压密灌浆：通过钻孔在地基中灌入很浓的浆液，稠浆不能渗入土的孔隙，因而在出浆段处将四周土挤密而形成浆泡。浆泡的形状一般为圆柱形，当浆泡的直径较小时，灌浆压力基本上是沿钻孔的径向，即水平方向发展，使周围的土体受挤压。压密灌浆适用于加固软弱的黏土，如淤泥、淤泥质土等。但对渗透系数小、排水不畅的条件，可能在被加固的软土中引起较高的孔隙水压力，这种情况下，为防止土体破坏，必须用很低的注浆速率和凝固速率。

5-39 **土工合成材料是20世纪下半叶以来岩土工程最重要的发展成果之一，常用的有哪些土工合成材料？各用于什么情况？**

【解析】 (1)土工膜：用作防渗材料。(2)土工织物：用于排水、反滤、加筋、土体隔离。(3)土工格栅：用于土体的加筋。(4)土工复合材料：用于排水、滤层、隔离、加筋、防渗、防护等方面。

5-40 **一般反滤层设计需要满足哪些要求？如何利用土工织物来满足这些要求？**

【解析】 (1)①料物本身有足够的渗流稳定性；②能阻止被保护土颗粒过量流失；③排水通畅。

(2)用土工织物作滤层是将符合要求的土工织物放置在可能发生渗透破坏的两层土之间。在渗流的初期，紧靠织物处的被保护土内的部分细颗粒向滤层移动，有少量细粒可通过滤层流失。细颗粒流失的过程向被保护土的内部发展，从而在离织物一定距离的范围内形成天然的反滤结构，与织物一起发挥反滤的作用。

5-41 **如何利用土工筋材提高土的抗剪强度？试说明其原理。**

【解析】 筋材提高土的抗剪强度机理（见图）：图a)表示未加筋的素土在围压 σ_3 情况下的三轴试验中试验破坏的情况，在竖向应力 σ_1 作用下，竖向变形为 Δv，侧向伸长为 Δh。试样的应力状态如图c)中的莫尔圆 A 所示，它与素土的强度包线相切。如果在试样中沿水平方向加筋，在试样破坏时侧向发生同样的变形，如图b)所示，如果筋材也发生了同样的伸长 Δh，则它们将通过与周围土的摩擦作用而向土体施加一个附加的约束应力 $\Delta\sigma_3$。这时，作用在加筋土试样中的土体实际上的围压为 $\sigma_3+\Delta\sigma_3$，破坏时的应力状态如图c)中的莫尔圆 C 所表示。应力圆 C 与素土的强度包线相切，竖向应力增加到 σ_{1r}。对于加筋土试样，受到的试验围压为 σ_3，竖向应力为 σ_{1r}，表示如图c)中的莫尔圆 B。由于一般认为，加筋后土的内摩擦角 φ 是不变的，所以黏聚力增加了 Δc，$\Delta c=\frac{\Delta\sigma_3}{2}\tan\left(45+\frac{\varphi}{2}\right)$。

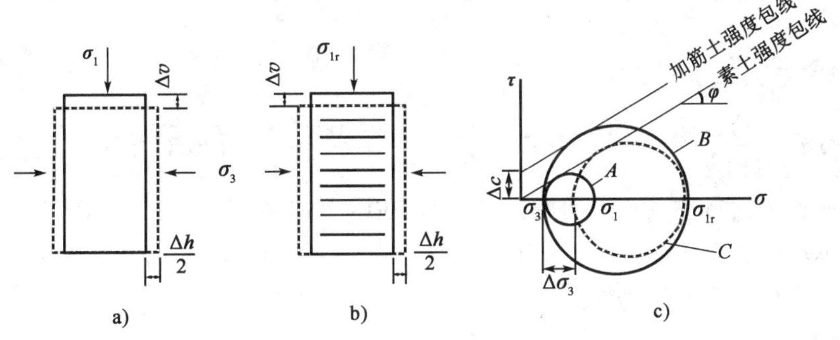

题解 5-41 图　加筋机理简图

5-42 **加筋挡土墙已成为常用的一种挡土墙,试说明如何布置和计算需用的筋材?**

【解析】 加筋挡土墙的验算包括墙体的外部稳定性验算和筋材的内部稳定性验算。外部稳定性验算采用重力式挡墙的稳定验算方法验算墙体的抗水平滑动、抗深层滑动稳定性和地基承载力,亦即将加筋体当成是一个整体的重力式挡土墙,墙背土压力按朗金土压力理论确定。筋材的内部稳定验算包括筋材强度验算和抗拔稳定性验算。

5-43 **土工合成材料用于很重要的建筑物尚处于试验阶段,主要有哪些问题尚待研究解决?**

【解析】 (1)老化问题。(2)土工合成材料的蠕变。(3)土与土工合成材料的摩擦力。(4)土工织物的渗透性。

5-44 **土工织物的渗透性如何表示?表示方法有何优缺点?**

【解析】 (1)用达西定律中的渗透系数 k 表示织物的渗透性。这种方法有两个缺点:一是水流经土工织物时有时呈紊流状态,不符合达西定律。二是织物一般很薄,而水头一般比织物大很多倍,厚度测量上的少许误差就会导致水力沉降很大的差异,因此求出的 k 值不准确。

(2)用透水率表示土工织物的渗透性。透水率就是单位水头、单位时间、流经单位面积的水量,测试时一般用 100mm 水头,故单位为 $L/m^2 \cdot s \cdot 100mm$。这种表示方法优点较多,例如测试方法简单可靠,不同织物容易比较,不受层流和紊流等流态的影响等。唯一的缺点是不能与土料的渗透系数进行比较。

5-45 **某建筑物内墙为承重墙,厚 370mm,按作用标准组合每延米竖向荷载(至设计地面)为 F_k =250kN/m,地基表层为 1.0m 杂填土,γ =17kN/m^3,其下为较深的淤泥质黏性土,γ =18.0kN/m^3,抗剪强度指标 φ_k =10°,c_k =10kPa,地下水埋深 3.5m,初步设计基础为条形混凝土无筋扩展基础,宽 1.5m,埋深 1.0m,下设置砂垫层。试设计砂垫层并进行有关验算(压密后垫层料重度 γ =19kN/m^3)。**

【解析】 参见《基础工程》(第3版)230页:换土垫层法。假设砂垫层厚度 $z=2.0\text{m}$,且 $z/b>0.5$。

(1)验算砂垫层承载力

基底压力 $p_k=\dfrac{F_k+G_k}{b}=\dfrac{250\times1.0+20\times1.5\times1.0\times1.0}{1.5\times1.0}=186.67\text{kPa}$

查教材中表5-1,砂垫层承载力特征值 $f_{ak}=150\sim200\text{kPa}$,取 $f_{ak}=180\text{kPa}$

深度修正后承载力:$f_a=f_{ak}+\eta_d\gamma_m(d-0.5)=180+1.0\times17\times(1.0-0.5)=188.5\text{kPa}>186.67\text{kPa}$,故垫层顶面承载力满足要求。

(2)验算砂垫层底面淤泥质黏性土承载力

$$p_{cz}+p_z\leqslant f_{az},p_{cz}=17\times1+19\times2=45\text{kPa}$$

$z/b>0.5$,查表5-2,砂垫层应力扩散角 $\theta=30°$

$$p_z=\frac{(p_k-p_{c0})b}{b+2z\tan\theta}=\frac{(186.67-17\times1)\times1.5}{1.5+2\times2\times\tan30}=66.81\text{kPa}$$

求垫层底面淤泥质土的承载力,由 $\varphi_k=10°$,查表2-16,$M_b=0.18$,,$M_d=1.73$,$M_c=4.17$

$$f_{az}=M_b\gamma b+M_d\gamma_m d+M_c c_k=0.18\times18\times1.5+1.73\times\frac{17\times1+18\times2}{3}\times3+4.17\times10=138.25\text{kPa}$$

$p_{cz}+p_z=45+66.81=111.81\text{kPa}\leqslant f_{az}=138.25\text{kPa}$

故垫层底面淤泥质土满足承载力要求,本题不进行地基变形验算。

(3)垫层尺寸确定

根据应力扩散范围 $b+2z\tan\theta=1.5+2\times2\times\tan30=3.81\text{m}$,垫层底面宽采用4m,其顶面尺寸可根据基坑开挖放坡要求确定,不应小于4m。

5-46 某住宅楼墙下条形基础宽1.6m,埋深1.2m,地基第一层为粉土,厚10m,天然重度 $\gamma=16.7\text{kN/m}^3$,孔隙比 $e=1.02$,抗剪强度指标 $\varphi_k=18°$,$c_k=5\text{kPa}$,其下为密实砂砾石层,地下水位较深,拟采用砂石桩置换法处理地基,初步确定桩径0.6m、桩距1.2m,正方形排列,求复合地基承载力。

【解析】 参见《基础工程》(第3版)234页:散体材料桩复合地基设计。

(1)求粉土的地基承载力特征值

由 $\varphi_k=18°$,查教材中表2-16,$M_b=0.43$,$M_d=2.72$,$M_c=5.31$

$f_a=M_b\gamma b+M_d\gamma_m d+M_c c_k=0.43\times16.7\times1.6+2.72\times16.7\times1.2+5.31\times5=92.55\text{kPa}$

$e=1.02>0.9$,查教材中表1-11,粉土的密实度为稍密状态,令 $f_{sk}=f_a=92.55\text{kPa}$

(2)面积置换率和桩土应力比

正方形布桩:$d_e=1.13s_a=1.13\times1.2=1.356\text{m}$

面积置换率:$m=\dfrac{d_0^2}{d_e^2}=\dfrac{0.6^2}{1.356^2}=0.196$,对于粉土,桩土应力比 $n=2$。

(3)复合地基承载力

$f_{spk}=[1+m(n-1)]f_{sk}$

$f_{spk}=[1+0.196\times(2-1)]\times92.55=110.69\text{kPa}$

5-47 工程同题 5-46，但地基加固方案改成水泥土搅拌桩，桩径与桩距同砂石桩，正方形排列，求复合地基承载力（粉土层的单位侧壁摩阻力 $q_s=15\text{kN/m}^2$，砂砾层的桩端阻力为 $q_p=1250\text{kN/m}^2$）。

【解析】 参见《基础工程》（第 3 版）237 页：胶结掺料桩复合地基设计。

（1）求粉土的地基承载力特征值

由 $\varphi_k=18°$，查教材中表 2-16，$M_b=0.43$，$M_d=2.72$，$M_c=5.31$

$f_a=M_b\gamma b+M_d\gamma_m d+M_c c_k=0.43\times16.7\times1.6+2.72\times16.7\times1.2+5.31\times5=92.55\text{kPa}$

$e=1.02>0.9$，查教材中表 1-11，粉土的密实度为稍密状态，令 $f_{sk}=f_a=92.55\text{kPa}$

（2）面积置换率

$$m=\frac{3.14\times0.3^2\times2}{1.6\times1.2}=0.294$$

（3）复合地基承载力

$R_a=u_p\sum q_{si}h_i+\alpha q_pA_p$，$A_p=3.14\times0.3^2=0.2826\text{m}^2$，$\alpha=0.5$

$R_a=3.14\times0.6\times(10-1.2)\times15+0.5\times1250\times0.2826=193.2\text{kN}$，$R_a$ 还要满足桩身材料的强度要求。

$$f_{spk}=\lambda m\frac{R_a}{A_p}+\beta(1-m)f_{sk}\text{，取 }\lambda=1.0,\beta=0.8$$

$$f_{spk}=1.0\times0.294\times\frac{193.2}{0.2826}+0.8\times(1-0.294)\times92.55=253.27\text{kPa}$$

5-48 某建筑物建造在较深的细砂地基上，细砂的天然干密度 $\rho_d=1.45\text{g/cm}^3$，土粒比重 $G_s=2.65$，最大干密度 $\rho_{dmax}=1.74\text{g/cm}^3$，最小干密度 $\rho_{dmin}=1.30\text{g/cm}^3$。拟用砂桩加固地基，选用砂桩直径 $d_0=600\text{mm}$，正三角形排列。按地区抗震要求，加固后细砂的相对密度 $D_r\geqslant0.7$。求砂桩的最大中心距。

【解析】 参见《基础工程》（第 3 版）247 页：深层挤密法，砂桩、土桩和灰土桩。

天然状态的细砂的孔隙比：

$$e_1=\frac{G_s}{\rho_d}-1=\frac{2.65}{1.45}-1=0.828$$

经过砂桩加固，求加固后的细砂的干密度：

$$D_r=\frac{(\rho_d-\rho_{dmin})\rho_{dmax}}{(\rho_{dmax}-\rho_{dmin})\rho_d}$$

$0.7=\dfrac{(\rho_d-1.3)\times1.74}{(1.74-1.3)\rho_d}\Rightarrow\rho_d=1.58\text{g/cm}^3$，此时的孔隙比 $e_2=\dfrac{G_s}{\rho_d}-1=\dfrac{2.65}{1.58}-1=0.677$

正三角形布桩,则 $s_a = 0.952d_0\sqrt{\frac{1+e_1}{e_1-e_2}} = 0.952\times0.6\times\sqrt{\frac{1+0.828}{0.828-0.677}} = 1.987\text{m}$

5-49 松散砂土地基加固前的承载力 $f_{ak}=100\text{kPa}$,采用振冲桩加固,振冲桩直径为500mm,桩距为1.2m,正三角形排列,经振冲后,由于振密作用,原土的承载力提高25%,若桩土应力比 $n=3$,求复合地基的承载力。

【解析】 参见《基础工程》(第3版)250页:振冲法。

(1)面积置换率

正三角形布桩:$d_e=1.05s_a=1.05\times1.2=1.26\text{m}$

面积置换率:$m=\frac{d_0^2}{d_e^2}=\frac{0.5^2}{1.26^2}=0.157$,桩土应力比 $n=3$

(2)复合地基承载力

$f_{sk} = 1.25f_{ak} = 1.25\times100 = 125\text{kPa}$

$f_{spk} = [1+m(n-1)]f_{sk}$

$f_{spk} = [1+0.157\times(3-1)]\times125 = 164.25\text{kPa}$

5-50 某场地软黏土层厚20m,其下为砂砾石层,今选用砂井预压固结法加固地基,砂井直径 $d_0=400\text{mm}$,井距2.5m,正三角形排列。软黏土固结试验表明(土样厚20mm,双面排水),加固后10min固结度达90%。若该软黏土的水平向固结系数 C_{vr} 为竖直向固结系数 c_v 的3倍,求该场地经过30d预压后的固结度。

【解析】 参见《基础工程》(第3版)256页:预压加固法。

(1)竖直向渗流的固结度

根据软黏土固结试验:$T_v = -\frac{4}{\pi^2}\ln\left[\frac{\pi^2}{8}(1-U_t)\right] = -\frac{4}{\pi^2}\times\ln\left[\frac{\pi^2}{8}(1-0.9)\right] = 0.85$

固结度 $C_v = \frac{T_vH^2}{t}$,其中 $t=10\text{min}=t=10\text{min}=10\times\frac{1}{60}\times\frac{1}{24}=\frac{1}{144}\text{d}$

$$C_v = \frac{T_vH^2}{t} = \frac{0.85\times0.01^2}{\frac{1}{144}} = 0.01224\text{m}^2/\text{d}$$

当经过30d的预压后:$T_v = \frac{C_vt}{H^2} = \frac{0.01224\times30}{10^2} = 3.672\times10^{-3}$

$$U_{zt} = 1-\frac{8}{\pi^2}e^{-\frac{\pi^2}{4}T_v} = 1-\frac{8}{\pi^2}e^{-\frac{\pi^2}{4}\times3.672\times10^{-3}} = 0.196$$

(2)水平向渗流的固结度

$C_{vr}=3C_v=3\times0.01224=0.03672\text{m}^2/\text{d}, d_e=1.05s_a=1.05\times2.5=2.625\text{m}$

$$T_r=\frac{C_{vr}t}{d_e^2}=\frac{0.03672\times30}{2.625^2}=0.16, n=\frac{r_e}{r_w}=\frac{2.625\times0.5}{0.4\times0.5}=6.56$$

$$f(n)=\frac{n^2}{n^2-1}\ln(n)-\frac{3n^2-1}{4n^2}=\frac{6.56^2}{6.56^2-1}\times\ln(6.56)-\frac{3\times6.56^2-1}{4\times6.56^2}=1.182$$

$$\lambda=-\frac{8T_r}{f(n)}=-\frac{8\times0.16}{1.182}=-1.08$$

$U_{rt}=1-e^{\lambda}=1-e^{-1.08}=0.66$

(3)计算地基的总的固结度

$U_t=1-[(1-U_{rt})(1-U_{zt})]=1-[(1-0.66)(1-0.196)]=0.73$

5-51 **某厂房地基为10m厚各向同性淤泥质土层,其下为基本不透水致密硬黏土(压缩量可忽略不计)。采用砂井预压法处理地基,砂井直径300mm,井距2.0m,正三角形排列,经计算淤泥质黏性土层的最终沉降量为320mm,预压60d的实测沉降量为256mm(预压荷载等于设计荷载),求固结度达到90%时所需的时间。**

【解析】 参见《建筑地基处理技术规范》(GB JGJ 79—2012)条文说明5.2.1。

由题意,土层为各向同性淤泥质土,则 $C_h=C_v$

土层的平均固结度 $\overline{U}=\dfrac{256}{320}=0.80$

$\overline{U}=1-\alpha e^{-\beta t}$,其中 $\alpha=\dfrac{8}{\pi^2}=0.81$,则 $0.8=1-0.81e^{-60\beta}\Rightarrow\beta=0.0233$

则平均固结度达到90%时的时间为:$0.9=1-0.81e^{-0.0233t}\Rightarrow t=89.93d$。

5-52 **已知地基砂土的粒径级配见表1,今有砂石料的粒径级配见表2,试分析该砂石料是否适于作为地基土的滤料层。**

地基砂土粒径级配 题5-52表1

粒组直径(mm)	>2	2~0.5	0.5~0.25	0.25~0.05	0.05~0.005	<0.005
粒组含量(%)	1	37	28	29	3	2

砂石料粒径级配 题5-52表2

粒组直径(mm)	500~100	100~50	50~20	20~10	10~5	5~2	2~1	<1
粒组含量(%)	18	20	20	10	8	9	5	10

【解析】 参见《基础工程》(第3版)271页:土工织物的反滤作用。

由表1可知,$D_{60}\approx50\text{mm}, D_{10}=1\text{mm}, D_{15}=2\text{mm}$

由表2可知,$d_{85}\approx1.43\text{mm}, d_{15}=0.12\text{mm}$

(1) $\dfrac{D_{60}}{D_{10}}\approx\dfrac{50}{1}=50>10$,则滤层内部构成骨架的颗粒会被水流带走。

(2) $\dfrac{D_{15}}{d_{85}}=\dfrac{2}{1.43}=1.40$，可以保证被保护土的细颗粒不会大量流入反滤层中。

(3) $\dfrac{D_{15}}{d_{15}}=\dfrac{2}{0.12}=1.67>5$，可以保证滤层有足够的透水性。

通过以上分析，可知砂石料作为地基土的滤层，滤层内部构成骨架的颗粒会被水流带走，可以采取以下措施：①反滤层设置由粒径、级配不同的2到3层粗砂、砾石组成。②在砂石料中设置土工织物。

第 6 章　基坑开挖与地下水控制习题解析

6-1　支护结构有哪些类型？各适用于什么条件？

【解析】　支护结构的类型的适用条件如下表所示。

各类支护结构的适用条件　　题解 6-1 表

<table>
<tr><th colspan="2" rowspan="2">结构类型</th><th colspan="3">适用条件</th></tr>
<tr><th>安全等级</th><th colspan="2">基坑深度、环境条件、土类和地下水条件</th></tr>
<tr><td rowspan="5">桩板式支挡结构</td><td>锚拉式结构</td><td rowspan="5">一级、二级、三级</td><td>适用于较深的基坑</td><td rowspan="5">1. 排桩适用于可采用降水或截水帷幕的基坑。
2. 地下连续墙宜同时用作主体地下结构外墙，可同时用于截水。
3. 锚杆不宜用在软土层和高水位的碎石土、砂土层中。
4. 当邻近基坑有建筑物地下室、地下构筑物等，锚杆的有效锚固长度不足时，不宜采用锚杆。
5. 当锚杆施工会造成基坑周边建(构)筑物的损害或违反城市地下空间规划等规定时，不应采用锚杆</td></tr>
<tr><td>支撑式结构</td><td>适用于较深的基坑</td></tr>
<tr><td>悬臂式结构</td><td>适用于较浅的基坑</td></tr>
<tr><td>双排桩</td><td>当锚拉式、支撑式和悬臂式结构不适用时，可考虑采用双排桩</td></tr>
<tr><td>支护结构与主体结构结合的逆作法</td><td>适用于周边环境条件很复杂的深基坑</td></tr>
<tr><td rowspan="4">土钉墙</td><td>单一土钉墙</td><td rowspan="4">二级、三级</td><td>适用于地下水位以上或经降水的非软土基坑，且基坑深度不宜大于 12m</td><td rowspan="4">当基坑潜在滑动面内有建筑物、重要地下管线时，不宜采用土钉墙</td></tr>
<tr><td>预应力锚杆复合土钉墙</td><td>适用于地下水位以上或经降水的非软土基坑，且基坑深度不宜大于 15m</td></tr>
<tr><td>水泥土桩复合土钉墙</td><td>用于非软土基坑时，基坑深度不宜大于 12m；用于淤泥质土基坑时，基坑深度不宜大于 6m；不宜用在高水位的碎石土、砂土层中</td></tr>
<tr><td>微型桩复合土钉墙</td><td>适用于地下水位以上或经降水的基坑，用于非软土基坑时，基坑深度不宜大于 12m；用于淤泥质土基坑时，基坑深度不宜大于 6m</td></tr>
</table>

续上表

结构类型	适用条件	
	安全等级	基坑深度、环境条件、土类和地下水条件
重力式挡土墙	二级、三级	适用于淤泥质土、淤泥基坑,且基坑深度不宜大于7m
放坡	三级	1. 施工场地应满足放坡条件; 2. 可与上述支护结构形式结合

注:1. 当基坑不同侧壁的周边环境条件、土层形状、基坑深度等不同时,可在不同部位分别采用不同的支护形式;
2. 支护结构可采用上、下部以不同结构类型组合的形式。

6-2 放坡开挖是最经济快捷的开挖方式,它适用于什么条件?

【解析】 (1)土质条件:适用于一般黏性土或粉土、密实碎石土和风化岩石等情况。(2)地下水条件:适用于地下水位较低或者采用人工降水措施的情况。(3)场地具备可放坡的空间。(4)要求基坑周围有堆放土料、机具的空间和交通道路,并且放坡对相邻建筑和市政设施不会产生不利影响。

6-3 何谓土钉墙支护?试说明用土钉墙加固边坡的机理以及适用的条件。

【解析】 (1)土钉墙支护是由较密排列的土钉体和喷射混凝土面层所构成的一种支护,其中,土钉是主要的受力构件,它是将一种细长的金属构件(通常是钢筋)插入土壁中预先钻(掏)成的斜孔中,钉端焊接于混凝土面层内的钢筋网上,然后全孔注浆封填而成。

(2)土钉墙加固边坡的机理:土钉在土中全长注浆与周围土连接,增加了土体的强度,如果将含有土钉的土体作为复合土体,则土钉与土间黏结的摩擦力为内力,改善了整个土体的力学性质,所以土钉是一种土的加筋技术。

(3)土钉墙支护适用于一般黏性土、粉土、杂填土和素填土、非松散的砂土、碎石土等,但不太适用于有较大粒径的卵石、碎石层,因为在这种土层钻(掏)孔比较困难,也不适用于饱和软黏土场地。

6-4 土钉和锚杆在加固机理、施工方法和设计计算中有何异同?

【解析】 (1)土钉全孔注浆,不施加预应力,而钢筋与土的变形模量相差很大,因而只有土体与土钉间发生一定的相对位移,土钉才会起到加筋作用,因而基坑侧壁的位移及基坑周围地面的沉降将是比较大的,当周边有重要建(构)筑物时不宜使用土钉墙支护。

(2)锚杆分为锚固段与自由段,锚固段设在土体主动滑裂面之外,采用压力注浆;自由段在土体滑动面之内,全段不注浆。锚杆一般施加预应力张拉,在墙面要设置由足够刚度的腰梁以传递锚杆拉力。由于锚杆上施加了预应力,锚杆通过腰梁及钢筋网喷射混凝土将压力施加在墙面土体上,并锚固在墙后被动区土体中,其受力机理与土钉墙不同,因而其基坑侧壁和地面变形较小，可用于深度在12m以上的基坑。

6-5 何谓逆作法？适用于什么条件？

【解析】 逆作法是以主体工程的地下结构的梁、板、柱等作为开挖的支撑，自上而下施工的方法。由于支护结构与永久地下室结构合二为一，节省了临时支护结构，施工速度可以加快，同时地下与地上部分可以同时施工，但是施工开挖工作面狭小，出土受限制，柱、墙与梁、板的节点需妥善处理。

6-6 何谓板桩和排桩（护坡桩）？

【解析】 (1)板桩支护一般适用于开挖深度较小的基坑，如木板桩、钢筋混凝土板桩、钢板桩。钢板桩一般适用于开挖深度不大于7m的基坑，且邻近无重要的建筑物和市政设施，适用的土层为黏性土、粉土、砂土和素填土以及厚度不大的淤泥和淤泥质土，含有大颗粒的土和坚硬土层不宜使用。对于较浅的基坑，可用悬臂式板桩，对于较深的基坑，可采用带内支撑或外部锚碇的板桩。

(2)排桩：沿基坑侧壁排列设置的支护桩及冠梁组成的支挡式结构部件或悬臂式支挡结构。

6-7 何谓地下连续墙，它与板桩或排桩等支护方法有何异同？

【解析】 地下连续墙是用专门的挖槽设备，按一定顺序沿着基础或者地下结构的周边按要求的宽度和深度挖出一个槽形孔，然后在槽形内安放钢筋笼，浇筑混凝土，再将一个个槽板连成一道钢筋混凝土地下连续墙，成为基坑施工中有效的支挡结构。地下连续墙支护可以挡土和防渗，按开挖深度的不同，可以是悬臂式的，也可以采用土层锚杆和内支撑加固，有时还可以成为永久建筑物的地下室外墙。地下连续墙刚度大，整体性好，因基坑开挖而引起的四周地基土的变形小，较之其他形式的支护更能保证周边建筑物的安全。

6-8 作用在支护结构上的土压力与重力式挡土墙上的土压力有什么异同？

【解析】 挡土墙土压力分布表明，墙体位移的方向和位移决定着所产生的土压力的性质（如主动、静止或被动）和大小。基坑支护结构是挡土结构，与重力式挡土墙相比，它的刚度要小很多，受荷载后要产生挠曲，变形量和变形方向随位置而异，使土压力的分布十分复杂。设计中一般认为，支护结构受力后产生的位移足以使墙后土体达到主动极限平衡状态，产生主动土压力。

6-9 何谓滞水、潜水和承压水？它们之间最主要的区别是什么？

【解析】 (1)滞水：由于降雨或者输水管线漏水等原因形成的，也称为包气带水，它是不与其他水域相连的暂时性水，时空变化较大。计算墙后主动土压力时，上层滞水范围内土的重度应采用饱和重度，$\sigma'_z = \gamma_{sat} z$。

(2)潜水：地表以下具有自由水面的含水层中的自由水，潜水一般被弱(不)透水层隔开，通常认为是静水。

(3)承压水：充满于两个隔水层间含水层的重力水，其测管水头高于所在含水层的上界限，所以未能形成自由水面。基坑底面如果接近于承压水层，必须验算承压水作用下基底的渗透稳定性，亦称突涌，必要时采用降水减压措施。

6-10 何谓渗透力 j？它与水压力有什么不同？

【解析】 渗透力 j 反映的是渗流场中单位体积土体内土骨架所受到的渗透水流的推动和拖拽力，渗透力是一种体积力，其大小与水力坡降成正比，作用方向也同渗流场的水力坡降方向相一致。

6-11 如图所示，当渗流稳定时，a 点处，近似计算板桩前后测压管的水位各有多高？

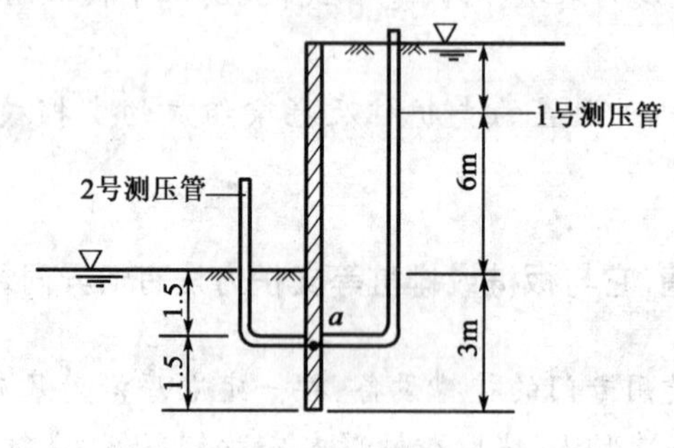

题6-11图

【解析】 流线长度：$L = 6 + 3 + 3 = 12\text{m}$，渗透坡降：$i = \dfrac{\Delta h}{L} = \dfrac{9-3}{12} = 0.5$

(1)主动区 a 点的测压管水位，以 a 点所在的平面为0基准面

$$i = \frac{\Delta h}{L} = \frac{7.5 - h_a}{7.5} = 0.5 \Rightarrow h_a = 3.75\text{m}$$

(2)被动区 a 点的测压管水位，以 a 点所在的平面为0基准面

$$i = \frac{\Delta h}{L} = \frac{h_a - 1.5}{1.5} = 0.5 \Rightarrow h_a = 2.25\text{m}$$

6-12 砂沸(砂土中的流土)、流沙和管涌发生的机理有什么不同？突涌和砂沸有何不同？

【解析】 (1)流土(砂沸)：在向上的渗透水流作用下，表层土局部范围内的土体或颗粒群同时发生悬浮、移动的现象，任何类型的土，只要水力坡降达到一定的大小，都会发生流土破坏。流沙是流土的一种具体形式。

(2)管涌:指在渗流作用下,一定级配的无黏性土中的细小颗粒,通过较大颗粒所形成的孔隙发生移动,最终在土中形成与地表贯通的管道,从而引发土工建筑物或地基发生破坏的现象。

(3)突涌:当基坑上部为不透水层,坑底下某深度处有承压水时,基坑底可能发生隆起,这种情况称为突涌,突涌是一种考虑饱和土体竖向稳定的坑底隆起的现象,在稳定渗流的情况下,它同时也是一种流土破坏。

6-13 水位以下,支护结构上的土压力和水压力应该如何计算?

【解析】 主动土压力:$p_a = K_a\sigma'_z - 2c\sqrt{K_a}$

被动土压力:$p_p = K_p\sigma'_z + 2c\sqrt{K_p}$

水压力:$p_w = u$

对于砂土和碎石土,采用有效应力强度指标计算土压力。对于黏性土,采用固结不排水强度指标计算土压力。

6-14 工程上有所谓“水土压力合算”的方法,该法是如何计算水土压力的?评述该法的合理性和使用范围?

【解析】 (1)“水土压力合算”的方法,计算主动、被动土压力时采用饱和重度与固结不排水强度指标,不再考虑水压力。

(2)水下的黏性土中由于渗流和渗透力作用,其中的土压力计算较为复杂;基坑开挖过程中墙前后土体复杂的应力路径,使采用常规计算的主动、被动土压力加上静水压力的结果偏于保守,往往使结构材料的设计内力远大于实测值,因此提出“水土压力合算”的方法。

6-15 瑞典条分法的基本假定是什么?教材中式(6-19)中分子和分母各代表什么物理量?

【解析】 (1)瑞典条分法的基本假定:①滑动面是圆弧面;②条块两侧的作用力大小相等,方向相反且作用于同一直线上。

(2)分子项为对圆弧滑动体圆心的抗滑力矩,分母项为对圆弧滑动体圆心的滑动力矩。

6-16 用教材中式(6-21)验算软土地基基坑坑底的隆起稳定性,说明这种情况下地基中滑动面的形状?

【解析】 对于深度较大的基坑,当嵌固深度较小、土的强度较低时,土体从挡土构件底端以下向基坑内隆起挤出是锚拉式支挡结构和支撑式支挡结构的一种破坏形式。这是一种土体丧失竖向平衡状态的破坏模式,由于锚杆和支撑只能对支护结构提供水平方向的平衡力,对隆起破坏不起作用,对特定基坑深度和土性,只能通过增加挡土构件嵌固深度来提高抗隆起稳定性。

6-17 用教材中式(6-24)说明图中基坑发生突涌的物理概念。

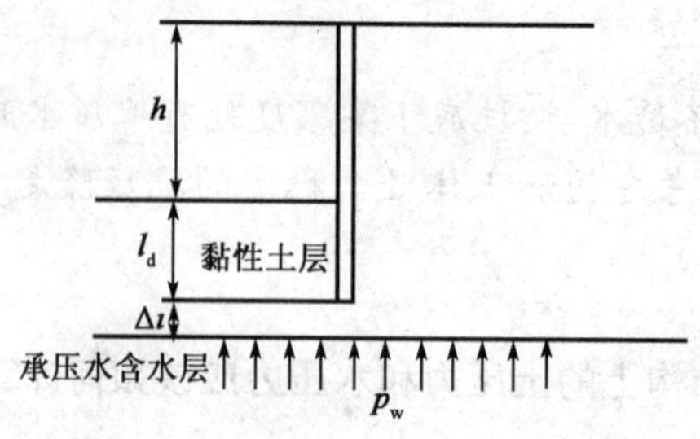

题 6-17 图

【解析】 当基坑底上部为不透水层,坑底下某深度处有承压水层时,基坑底可能发生隆起,这种情况称为“突涌”,突涌是一种考虑饱和土体竖向稳定的坑底隆起的现象,在稳定渗流的情况下,它同时也是一种流土破坏。如教材中图 6-2 所示,按下式验算:$\frac{\gamma_m(l_d+\Delta t)}{p_w} \geqslant K_h$。

6-18 用教材中式(6-27)验算水泥土墙水平滑移稳定性时,c、φ 值取为墙底处土的黏聚力和内摩擦角是否合理?理论上应该如何选用 c、φ 值?

【解析】 合理,计算中土的强度指标对于砂土可用有效应力强度指标,对于黏性土,取固结不排水强度指标。

6-19 如何布置土钉墙和选用土钉墙材料?

【解析】 (1)土钉墙墙面与垂直方向成 0°~25°夹角;土钉水平方向俯角一般为 5°~20°;土钉长度 L 不宜小于 6m。(2)土钉的间距:水平间距为(10~15)D,D 为锚固体(钢筋+灌注水泥砂浆)的直径,一般水平与竖直间距为 1.0~2.0m。(3)土钉采用直径不小于 16mm HRB400 级以上的螺纹钢筋;采用水泥砂浆或水泥素浆注浆,其强度不宜低于 20MPa。

6-20 土钉墙的稳定分析应包括哪些内容?

【解析】 土钉墙的整体稳定验算包括:抗滑移稳定验算、抗倾覆稳定验算、抗坑底隆起稳定验算、整体圆弧滑动稳定验算。此外,在加筋土体内,还要满足局部稳定及土钉的锚固稳定。

6-21 支护结构中,锚杆沿长度分成几部分?各部分长度如何确定?

【解析】 锚杆沿长度分成锚固段和自由段。(1)锚固段的长度 l_a 应满足抗拔承载力验算:$\frac{R_k}{N_k} \geqslant K_t$。

(2)自由段的长度 l_f 应符合下式要求，求不应小于5.0m，还应在滑动面以外不小于1.5m。

$$l_f \geqslant \frac{(a_1 + a_2 - d\tan\alpha)\sin\left(45 - \frac{\varphi_m}{2}\right)}{\sin\left(45 + \frac{\varphi_m}{2} + \alpha\right)} + \frac{d}{\cos\alpha} + 1.5$$ ，见图。

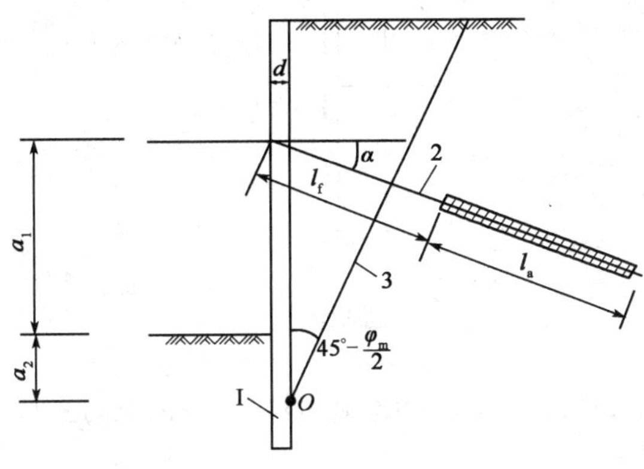

题解6-21图

6-22 井点降水法中的井点分成几类？各适用于什么条件？

【解析】 (1)管井、真空井点、喷射井点。

(2)各种降水方法的适用条件见表。

题解6-22表

方　　法	土　　类	渗透系数(m/d)	降水深度(m)
管井	粉土、砂土、碎石土	0.1~200.0	不限
真空井点	黏性土、粉土、砂土	0.005~20.0	单级井点<6 多级井点<20
喷射井点	黏性土、粉土、砂土	0.005~20.0	<20

6-23 基坑降水时为什么有时又同时采用回灌？回灌是如何进行的？

【解析】 (1)基坑降水时，在周围会形成降水漏斗，在降水漏斗范围内的地基土会因为有效应力的增加发生压缩沉降，可能使对沉降和不均匀沉降敏感的建筑物或地下设施、管线等受到损害，这时，除了采取隔水措施外，还可以采用回灌措施减少或避免降水的有害影响。

(2)回灌可采用井点、砂井、砂沟等，一般回灌井与降水井相距不小于6m。回灌水宜用清水，回灌水量可通过水位观测孔进行控制和调节，一般回灌水位不宜高于原地下水位标高。

6-24 如图所示，在均匀砂层中，挖基坑深 $h=3$m，采用悬臂式板桩墙护壁，砂的重度 $\gamma=16.7$kN/m^3，内摩擦角 $\varphi=30°$，抗倾覆稳定安全系数 $K_t=1.15$，试计算：

(1)板桩前后的土压力分布(朗肯理论)。

(2)板桩需要进入坑底的深度。

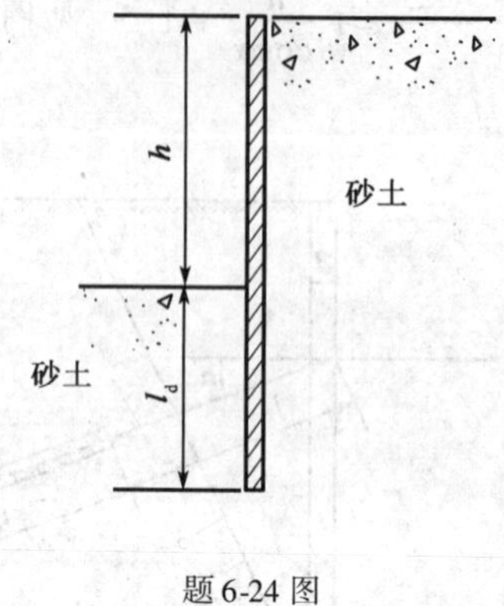

题6-24图

【解析】 参见《基础工程》(第3版)295页:地下水位以上的土压力计算;298页:桩、墙式支挡结构抗倾覆稳定验算。

(1)板桩前后的土压力分布

支挡结构后地面以下主动土压力分布:

$$K_a = \tan^2\left(45 - \frac{\varphi}{2}\right) = \tan^2\left(45 - \frac{30}{2}\right) = \frac{1}{3}$$

$p_a = K_a\gamma z = \frac{1}{3} \times 16.7z = 5.57z$,当 $z = h + l_d$ 时,$p_a = K_a\gamma z = 5.57(3 + l_d)$

$$E_a = \frac{1}{2}p_a(h + l_d) = \frac{1}{2} \times 5.57(h + l_d)^2 = 2.785(3 + l_d)^2$$

基坑底下被动土压力分布:

$$K_p = \tan^2\left(45 + \frac{\varphi}{2}\right) = \tan^2\left(45 + \frac{30}{2}\right) = 3$$

$p_p = K_p\gamma z = 3 \times 16.7z = 50.1z$,当 $z = l_d$ 时,$p_p = K_p\gamma z = 3 \times 16.7l_d = 50.1l_d$

$$E_p = \frac{1}{2}p_p l_d = \frac{1}{2} \times 50.1l_d^2 = 25.05l_d^2$$

(2)抗倾覆稳定验算 $\dfrac{\sum M_{E_p}}{\sum M_{E_a}} \geqslant K_t$

$$\frac{E_p \times \frac{1}{3}l_d}{E_a \times \frac{1}{3}(h + l_d)} = \frac{25.05l_d^3}{2.785(3 + l_d)^3} \geqslant 1.15 \Rightarrow l_d \geqslant 3\text{m}$$

6-25 悬臂式板桩如图所示,砂土的天然重度 $\gamma = 17.3\text{kN/m}^3$,$\varphi = 30°$,砂砾石的饱和重度 $\gamma_{sat} = 22.0\text{kN/m}^3$,$\varphi = 35°$,地下水位与砂砾石顶面齐平,抗倾覆稳定安全系数 $K_t = 1.20$,试计算:

(1)板桩前后的土压力和水压力分布。

(2)板桩需要进入坑底的深度。

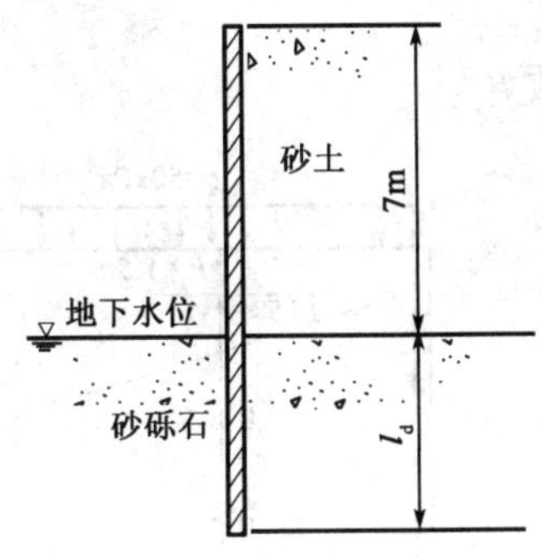

题 6-25 图

【解析】 参见《基础工程》(第 3 版)295 页:地下水位以上的土压力计算;298 页:桩、墙式支挡结构抗倾覆稳定验算。

(1)板桩前后的土压力分布和水压力分布

支挡结构后地面以下主动土压力分布和水压力分布:

砂土:$K_{a1} = \tan^2\left(45 - \frac{\varphi}{2}\right) = \tan^2\left(45 - \frac{30}{2}\right) = \frac{1}{3}$

砂砾石:$K_{a2} = \tan^2\left(45 - \frac{\varphi}{2}\right) = \tan^2\left(45 - \frac{35}{2}\right) = 0.27$

当 $z = h + l_d$ 时,$p_a = 7 \times 17.3K_{a2} + 12l_dK_{a2} = 32.7 + 3.24l_d$

水压力:当 $z = h + l_d$ 时,$u = 10l_d$

基坑底下被动土压力分布和水压力分布:

砂砾石:$K_p = \tan^2\left(45 + \frac{\varphi}{2}\right) = \tan^2\left(45 + \frac{35}{2}\right) = 3.69$

当 $z = l_d$ 时,$p_p = K_p\gamma z = 3.69 \times 12l_d = 44.28l_d$

水压力:当 $z = l_d$ 时,$u = 10l_d$

(2)抗倾覆稳定验算 $\frac{\sum M_{E_p}}{\sum M_{E_a}} \geqslant K_t$,

$$\sum M_{E_a} = \frac{1}{2} \times \frac{1}{3} \times 121.1 \times 7 \times \left(l_d + \frac{7}{3}\right) + 32.67 \times \frac{l_d^2}{2} + \frac{1}{2} \times 3.24 \times \frac{l_d^3}{3}$$

$$= 0.54l_d^3 + 16.34l_d^2 + 141.28l_d + 329.65$$

$$\sum M_{E_p} = \frac{1}{2} \times 44.28l_d \times l_d \times \frac{l_d}{3} = 7.38l_d^3$$

$$\frac{\sum M_{E_p}}{\sum M_{E_a}} = \frac{7.38l_d^3}{0.54l_d^3 + 16.34l_d^2 + 141.28l_d + 329.65} \geqslant 1.2 \Rightarrow l_d \geqslant 7.4\text{m}$$

6-26 在砂土地基中开挖基坑,采用单锚式板桩墙,布置如图所示,砂土重度 γ =

17.0kN/m^3，内摩擦角 φ =32°，试计算：

(1)板桩墙前后的土压力分布。

(2)验算抗倾覆稳定安全系数 K_t。

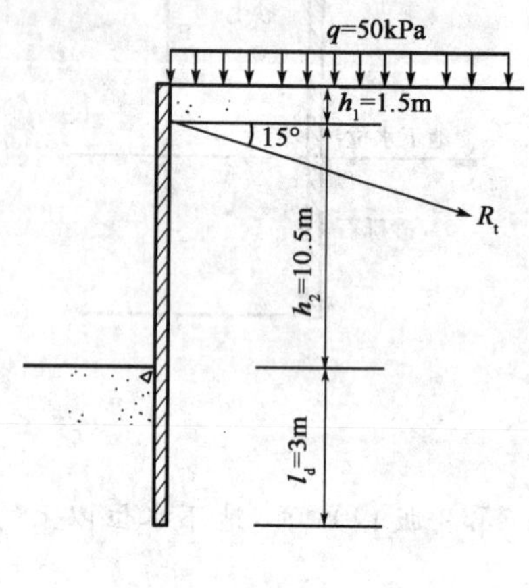

题 6-26 图

【解析】 参见《基础工程》(第 3 版)295 页：地下水位以上的土压力计算；298 页：桩、墙式支挡结构抗倾覆稳定验算。

(1)板桩前后的土压力分布：

支挡结构后地面以下主动土压力分布：

砂土：$K_a = \tan^2\left(45 - \frac{\varphi}{2}\right) = \tan^2\left(45 - \frac{32}{2}\right) = 0.31$

当 $z = h_1 = 0$m 时，$p_{a1} = 50K_a = 50 \times 0.31 = 15.5$kPa

当 $z = h_2 = 15$m 时，$p_{a2} = (15 \times 17 + 50)K_a = (15 \times 17 + 50) \times 0.31 = 94.55$kPa

基坑底下被动土压力分布：

砂土：$K_p = \tan^2\left(45 + \frac{\varphi}{2}\right) = \tan^2\left(45 + \frac{32}{2}\right) = 3.25$

当 $z = l_d = 3$m 时，$p_p = K_p\gamma z = 3.25 \times 17 \times 3 = 165.75$kPa

(2)抗倾覆稳定验算 $\frac{\sum M_{E_p}}{\sum M_{E_a}} \geqslant K_t$

$$\sum M_{E_p} = \frac{1}{2} \times 165.75 \times 3 \times (10.5 + 2) = 3107.81$$

$$\sum M_{E_a} = 15.5 \times 15 \times (7.5 - 1.5) + \frac{1}{2} \times (94.55 - 15.5) \times 15 \times (10 - 1.5) = 6434.43$$

$$K_t = \frac{\sum M_{E_p}}{\sum M_{E_a}} = \frac{3107.81}{6434.43} = 0.48$$

6-27 在黏性土和淤泥质土中开挖基坑，土层断面和支护布置见图，粉质黏土的重度 γ=18.0kN/m^3，φ =28°，c=15kPa。淤泥质土的相对密度 G_s =2.70，饱和重度 γ_{sat} =17.8kN/m^3，不排水强度 c_t =25kPa，l_d =10m，不考虑渗流的因素，试计算：

(1)用水土分算计算板桩墙前后的土压力和水压力分布。

(2)用水土合算计算板桩墙前后的土压力分布。

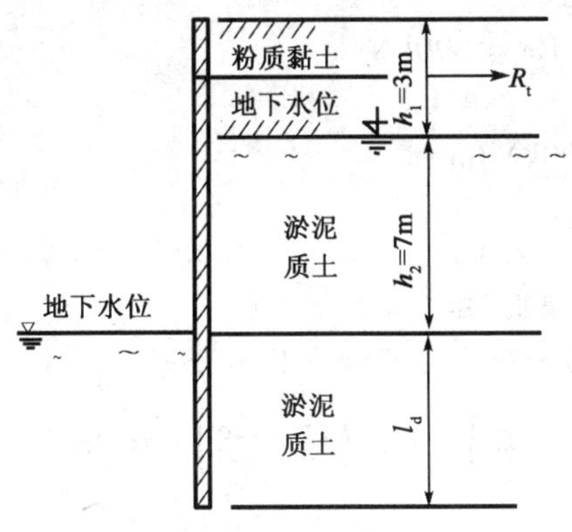

题 6-27 图

【解析】 参见《基础工程》(第 3 版)295 页:土压力计算。

(1)用水土分算计算板桩墙前后的土压力和水压力分布

支挡结构后地面以下主动土压力分布和水压力分布:

粉质黏土:$K_{a1} = \tan^2\left(45 - \frac{\varphi}{2}\right) = \tan^2\left(45 - \frac{28}{2}\right) = 0.36$

淤泥质土:$K_{a2} = \tan^2\left(45 - \frac{\varphi}{2}\right) = \tan^2\left(45 - \frac{0}{2}\right) = 1$

$$z_0 = \frac{2c}{\gamma\sqrt{K_{a1}}} = \frac{2\times 15}{18\times\sqrt{0.36}} = 2.78\text{m}$$

当 $z = h_1 = 3\text{m}$ 时,$p_{a上} = 18\times 3\times 0.36 - 2\times 15\times\sqrt{0.36} = 1.44\text{kPa}$

$p_{a下} = 18\times 3\times 1.0 - 2\times 25\times\sqrt{1.0} = 4\text{kPa}$

当 $z = h_2 = 20\text{m}$ 时,$p_{a2} = (18\times 3 + 7.8\times 17)\times 1.0 - 2\times 25\times\sqrt{1.0} = 136.6\text{kPa}$

$$E_a = \frac{1}{2}\times 1.44\times(3 - 2.78) + \frac{1}{2}\times(4 + 136.6)\times 17 = 1195.25\text{kN/m}$$

水压力:当 $z = h_2 = 20\text{m}$ 时,$u = 10\times 17 = 170\text{kPa}$

$$E_w = \frac{1}{2}\times 170\times 17 = 1445\text{kN/m}$$

$$E_{a总} = 1195.25 + 1445 = 2640.25\text{kN/m}$$

基坑底下被动土压力分布:

粉质黏土:$K_p = \tan^2\left(45 + \frac{\varphi}{2}\right) = \tan^2\left(45 + \frac{0}{2}\right) = 1.0$

当 $z = 0\text{m}$ 时,$p_p = 2\times 25\times\sqrt{1.0} = 50\text{kPa}$

当 $z = l_d = 10\text{m}$ 时，$p_p = 7.8 \times 10 \times 1.0 + 2 \times 25 \times \sqrt{1.0} = 128\text{kPa}$

水压力：当 $z = l_d = 10\text{m}$ 时，$u = 10 \times 10 = 100\text{kPa}$

$$E_p = \frac{1}{2} \times (50 + 128) \times 10 = 890\text{kN/m}$$

$$E_w = \frac{1}{2} \times 100 \times 10 = 500\text{kN/m}$$

$$E_{p总} = 890 + 500 = 1390\text{kN/m}$$

(2)用水土合算计算板桩墙前后的土压力分布

支挡结构后地面以下主动土压力分布和水压力分布：

粉质黏土：$K_{a1} = \tan^2\left(45 - \frac{\varphi}{2}\right) = \tan^2\left(45 - \frac{28}{2}\right) = 0.36$

淤泥质土：$K_{a2} = \tan^2\left(45 - \frac{\varphi}{2}\right) = \tan^2\left(45 - \frac{0}{2}\right) = 1$

$$z_0 = \frac{2c}{\gamma\sqrt{K_{a1}}} = \frac{2 \times 15}{18 \times \sqrt{0.36}} = 2.78\text{m}$$

当 $z = h_1 = 3\text{m}$ 时，$p_{a上} = 18 \times 3 \times 0.36 - 2 \times 15 \times \sqrt{0.36} = 1.44\text{kPa}$

$p_{a下} = 18 \times 3 \times 1.0 - 2 \times 25 \times \sqrt{1.0} = 4\text{kPa}$

当 $z = h_2 = 20\text{m}$ 时，$p_{a2} = (18 \times 3 + 17.8 \times 17) \times 1.0 - 2 \times 25 \times \sqrt{1.0} = 306.6\text{kPa}$

$$E_a = \frac{1}{2} \times 1.44 \times (3 - 2.78) + \frac{1}{2} \times (4 + 306.6) \times 17 = 2640.26\text{kN/m}$$

基坑底下被动土压力分布：

粉质黏土：$K_p = \tan^2\left(45 + \frac{\varphi}{2}\right) = \tan^2\left(45 + \frac{0}{2}\right) = 1.0$

当 $z = 0\text{m}$ 时，$p_p = 2 \times 25 \times \sqrt{1.0} = 50\text{kPa}$

当 $z = l_d = 10\text{m}$ 时，$p_p = 17.8 \times 10 \times 1.0 + 2 \times 25 \times \sqrt{1.0} = 228\text{kPa}$

$$E_p = \frac{1}{2} \times (50 + 228) \times 10 = 1390\text{kN/m}$$

6-28 **基坑开挖支护和土层分布见图，饱和软土层：土的天然重度 $\gamma = 18.0\text{kN/m}^3$，$c_u = 25\text{kPa}$，$\varphi_u = 0$。验算基底隆起的稳定性。**

【解析】 参见《基础工程》(第3版)301页：坑底隆起稳定性验算，《建筑基坑支护技术规程》条文4.2.4。

$$\frac{N_c c_u + \gamma l_d}{\gamma(h + l_d) + q_0} = \frac{5.14 \times 30 + 18 \times 2.5}{18 \times (5 + 2.5) + 30} = 1.21 < 1.4$$，不满足稳定性要求。

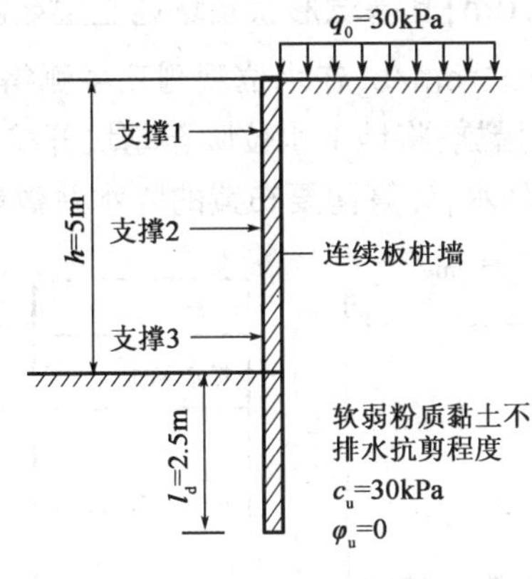

题 6-28 图

6-29 在饱和软黏土中，基坑开挖采用地下连续墙支护，已知软土的十字板剪切试验的抗剪强度 c_u =34kPa，基坑开挖深度 16.3m，墙底插入坑底以下的深度 17.3m，设有两道水平支撑，第一道支撑位于地面高程，第二道水平支撑距坑底 3.5m，每延米支撑的轴向力均为 2970kN，沿着如图所示的以墙顶为圆心，以墙长为半径的圆弧整体滑动，若已知每延米的滑动力矩为 154230kN · m，计算其整体抗滑稳定安全系数。

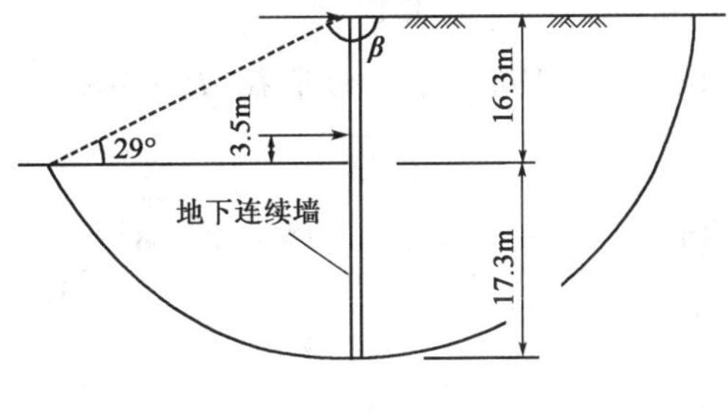

题 6-29 图

【解析】 参见《基础工程》(第 3 版)300 页：整体稳定性验算，《建筑基坑支护技术规程》条文 4.2.3。

滑动力矩：$M_{滑动} = 154230\text{kN} \cdot \text{m}$

滑动圆弧弧长：$L = 2 \times 3.14 \times (16.3 + 17.3) \times \dfrac{90 + 90 - 29}{360} = 88.51\text{m}$

抗滑力矩：$M_{抗滑} = 2970 \times (16.3 - 3.5) + 34 \times 88.51 \times (16.3 + 17.3) = 139129.82\text{kN} \cdot \text{m}$

稳定系数：$K = \dfrac{M_{抗滑}}{M_{滑动}} = \dfrac{139129.82}{154230} = 0.9 < 1.25$，不满足稳定性要求。

6-30 某基坑开挖深度为8.0m,其基坑形状及场地土层如图所示,基坑周边无重要构筑物及管线,砂层渗透系数为12×10^{-2}cm/s,在水位观测孔中测得该砂层地下水水位高度在地面以下0.5m,拟采用完整井降水措施,将地下水位降至基坑开挖面以下0.5m,采用单井出水能力$q_0=1600\text{m}^3/\text{d}$的管井井点降水,计算需要布置的降水井数量(口)。

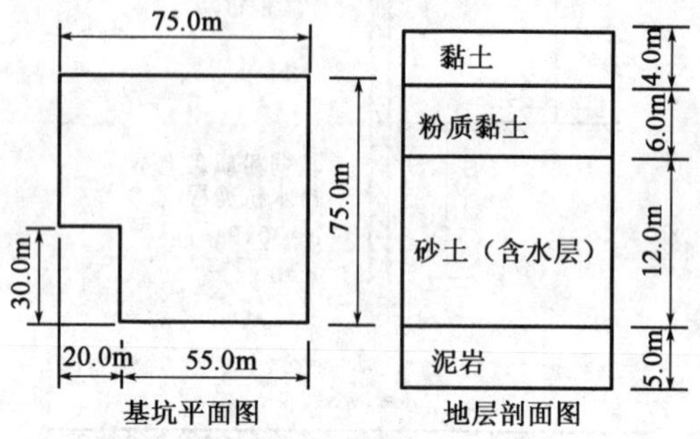

题6-30图

【解析】 参见《基础工程》(第3版)322页:承压水完整井,《建筑基坑支护技术规程》条文7.3.11、7.3.15和附录E。

承压水含水层厚度:$M=12\text{m}$

渗透系数:$k=12\times10^{-2}\text{cm/s}=\dfrac{12\times10^{-2}\times10^{-2}}{\dfrac{1}{60\times60\times24}}=103.68\text{m/d}$

基坑等效半径:$r_0=\sqrt{\dfrac{A}{\pi}}=\sqrt{\dfrac{75\times75-20\times30}{3.14}}=40\text{m}$

降水深度:$s_d=8\text{m}<10\text{m}$,$s_w=10\text{m}$,则影响半径:$R=10s_w\sqrt{k}=10\times10\times\sqrt{103.68}=1018.23\text{m}$

基坑降水涌水量:$Q=2\pi k\dfrac{Ms_d}{\ln\left(1+\dfrac{R}{r_0}\right)}=2\times3.14\times103.68\times\dfrac{12\times8}{\ln\left(1+\dfrac{1018.23}{40}\right)}=19083.225\text{m}^3$

降水井的数量:

$$n=1.1\frac{Q}{q}=1.1\times\frac{19083.225}{1600}=2\pi k\frac{Ms_d}{\ln\left(1+\dfrac{R}{r_0}\right)}=2\times3.14\times103.68\times\frac{12\times8}{\ln\left(1+\dfrac{1018.23}{40}\right)}$$

$=13.12$

取整数,则需要布置的降水井数量为14口。

6-31 在一均质黏性土中开挖基坑,基坑深度15m,基坑的安全等级为二级,采用地下连续墙支挡,挡土构件的厚度$d=0.5$m,一次常压注浆的桩锚支撑,黏性土层的$I_L=0.55$,黏聚力$c=15$kPa,内摩擦角$\varphi=20°$,土的天然重度$\gamma=18.0\text{kN/m}^3$,第一道锚杆设置在地面下4m位置,锚固体直径150mm,倾角15°,该点锚杆水平拉力设计值为$H=F_h\cdot s=250$kN,计算改

层锚杆设计总长度。

【解析】　参见《基础工程》(第 3 版)310 页:土层锚杆和内支撑和《建筑基坑支护技术规程》条文 4.7:锚杆设计和条文说明 3.1.7。

(1)锚固段长度 l_a

锚杆水平拉力标准值 $N_k = \dfrac{N}{\gamma_0\gamma_F} = \dfrac{250}{1.0 \times 1.25} = 200\text{kN}$

$$N_k = \frac{F_h \cdot s}{\cos\alpha} = \frac{200}{\cos 15} = 207.06\text{kN}$$

$I_L = 0.55$,查表 6-10,锚杆的极限黏结强度标准值 $q_{sk} = 53 + \dfrac{40-53}{0.75-0.5} \times (0.55-0.5)$

$= 50.4\text{kPa}$

$R_k = 3.14 \times 0.15 \times 50.4 \times l_a = 23.74 l_a$

$$\frac{R_k}{N_k} \geqslant 1.6 \Rightarrow \frac{23.74 l_a}{207.06} \geqslant 1.6 \Rightarrow l_a \geqslant 13.96\text{m}$$

(2)自由段长度 l_f

$$K_a = \tan^2\left(45 - \frac{\varphi}{2}\right) = \tan^2\left(45 - \frac{20}{2}\right) = 0.49,\ K_p = \tan^2\left(45 + \frac{\varphi}{2}\right) = \tan^2\left(45 + \frac{20}{2}\right) = 2.04$$

$a_1 = 11\text{m},\ p_a = p_p$

$0.49 \times 18 \times (15 + a_2) - 2 \times 15 \times \sqrt{0.49} = 2.04 \times 18 a_2 + 2 \times 15 \times \sqrt{2.04}$,得 $a_2 = 2.45\text{m}$

$$l_f \geqslant \frac{(a_1 + a_2 - d\tan\alpha)\sin\left(45 - \dfrac{\varphi_m}{2}\right)}{\sin\left(45 + \dfrac{\varphi_m}{2} + \alpha\right)} + \frac{d}{\cos\alpha} + 1.5$$

$$l_f \geqslant \frac{(11 + 2.45 - 0.5 \times \tan 15) \times \sin\left(45 - \dfrac{20}{2}\right)}{\sin\left(45 + \dfrac{20}{2} + 15\right)} + \frac{0.5}{\cos 15} + 1.5 = 10.15\text{m}$$

(3)锚杆设计总长度

$l = l_a + l_f \geqslant 13.96 + 10.15 = 24.11\text{m}$

第7章 特殊土地基习题解析

7-1 **湿陷性黄土主要分布在我国哪些地区？具有哪些主要特征？**

【解析】 (1)在我国，黄土地域辽阔，面积达60多万km^2，其中，湿陷性黄土约占黄土总面积的3/4，主要分布在山西、陕西、甘肃的大部分地区，河南西部和宁夏、青海、河北的部分地区，此外，新疆、内蒙古和山东、辽宁、黑龙江等省区也有分布，但不连续。在这些地区中，以黄河中游地区最为发育，在这里黄土几乎整片覆盖于全区的地表，厚度大，可达100m以上，而湿陷性黄土的厚度可达20～30m。

(2)①外观颜色呈黄色或褐黄色。

②颗粒组成以粉土颗粒为主，含量常占60%以上。

③孔隙比e较大，一般在0.8～1.2，具有肉眼可见的大孔隙，且垂直节理发育。

④富含碳酸钙盐类。

⑤工程特性：具有湿陷性，垂直节理发育。

7-2 **什么叫作黄土的湿陷性？黄土为什么具有湿陷性？是不是所有的黄土都具有湿陷性？**

【解析】 (1)当在一定的压力下(指土的自重压力或自重压力和附加压力之和)，受水浸湿后，结构迅速破坏，强度随之降低，并产生显著的附加下沉的现象，叫作黄土的湿陷性。

(2)①黄土的欠压密理论；②溶盐假说；③结构学说。

(3)从黄土形成的地质年代看，Q_1黄土(午城黄土)无湿陷性，Q_2黄土(离石黄土)无湿陷性或有轻微湿陷性，Q_3、Q_4黄土一般均具有湿陷性乃至强湿陷性。

7-3 **如何从黄土的组成和物理性质来分析其湿陷性的高低？**

【解析】 (1)物质成分的影响。

①黏粒含量的影响，黏粒含量越多，则湿陷性越小，特别是胶结能力较强的小于0.001mm颗粒的含量影响更大。

②黄土中所含的盐类及其存在的状态影响黄土的湿陷性，起胶结作用而难溶解的碳酸钙

含量增大时，黄土的湿陷性减弱，而中溶性石膏及其他碳酸盐、硫酸盐和氯化物等易溶盐的含量越多，则湿陷性增强。

(2)物理性质的影响。

孔隙比和含水率的多少影响黄土的湿陷性：孔隙比越大，湿陷性越强，含水率越高，湿陷性越小。

(3)外加压力的影响。

外加压力越大，湿陷结构受破坏越完全，湿陷量越大。

7-4 黄土的湿陷性用什么指标判定？这个指标是如何测得的？判定的标准是什么？

【解析】 (1)黄土的湿陷性用湿陷系数 δ_s 判定。

(2)黄土的湿陷性用湿陷系数 δ_s 按室内湿陷性试验测定。

(3)当 $\delta_s<0.015$ 时，定为非湿陷性黄土。当 $\delta_s \geqslant 0.015$ 时，定为湿陷性黄土。

7-5 黄土的湿陷性与压力有何关系？什么叫作湿陷起始压力？

【解析】 (1)黄土的湿陷变形必须在一定的压力下浸水才会发生。当压力较小时，在颗粒接触处产生的剪应力小于其结构强度，产生压缩变形。只有当压力超过某数值，致使剪应力大于黄土结构强度时，才会产生湿陷变形。

(2)黄土浸水饱和后，开始出现湿陷时的界限压力为湿陷起始压力 P_{sh}，湿陷起始压力在一定程度上反映黄土浸水后的结构强度。

7-6 什么叫作自重湿陷性黄土和非自重湿陷性黄土？如何区分？

【解析】 如果湿陷起始压力小于上覆土自重时，则地基在上覆土自重压力下受水浸湿即可发生湿陷，称这类黄土为自重湿陷性黄土。如果土的湿陷起始压力大于上覆土的自重，则在上覆土自重压力下，地基土受水浸湿不产生湿陷，而是当自重压力与附加压力之和大于土的湿陷起始压力时，地基土受水浸湿才发生湿陷，称这类黄土为非自重湿陷性黄土。

7-7 何谓自重湿陷性系数？非自重湿陷性黄土是否仍具有湿陷性？

【解析】 (1)自重湿陷性系数 $\delta_{zs}=\dfrac{h_z-h_z'}{h_0}$，指单位厚度的环刀试样，在上覆土的饱和自重压力下，下沉稳定后，试样浸水饱和所产生的附加下沉。

(2)非自重湿陷性黄土具有湿陷性。

7-8 如何计算场地的自重湿陷量和判定场地是否为自重湿陷性场地？

【解析】 (1)场地的自重湿陷量 $\Delta_{zs}=\beta_0\sum_{i=1}^{n}\delta_{zsi}h_i$

(2)Δ_{zs}——室内湿陷性试验累计的自重湿陷量计算值；

Δ'_{zs}——现场浸水试验测定的自重湿陷量实测值。

当Δ_{zs}(或Δ'_{zs})≤70mm时，应定为非自重湿陷性黄土场地。

当Δ_{zs}(或Δ'_{zs})>70mm时，应定为自重湿陷性黄土场地。

7-9 地基的湿陷量和场地的湿陷量有什么不同？

【解析】 (1)地基的湿陷量考虑自重应力和地基中附加应力引起的湿陷量，$\Delta_s=\sum_{i=1}^{n}\beta\delta_{si}h_i$。

(2)场地的湿陷量考虑自重应力引起的湿陷量，$\Delta_{zs}=\beta_0\sum_{i=1}^{n}\delta_{zsi}h_i$。

7-10 按湿陷性，黄土地基分成几个等级？如何划分等级？

【解析】 湿陷性黄土地基的湿陷等级见表。

题解7-10表

Δ_s	湿陷类型		
	非自重湿陷性场地	自重湿陷性场地	
	Δ_{zs}≤70mm	70mm<Δ_{zs}≤350mm	Δ_{zs}>350mm
Δ_s≤300mm	Ⅰ(轻微)	Ⅱ(中等)	—
300mm<Δ_s≤700mm	Ⅱ(中等)	Ⅱ(中等)或Ⅲ(严重)	Ⅲ(严重)
Δ_s>700mm	Ⅱ(中等)	Ⅲ(严重)	Ⅳ(很严重)

注：当湿陷量的计算值Δ_s>600mm，自重湿陷量的计算值Δ_{zs}>300mm时，可判定为Ⅲ级，其他情况可判定为Ⅱ级。

7-11 对于湿陷性黄土地基，可以采取哪些措施以消除其湿陷性或减少其湿陷性？

【解析】 (1)地基处理措施。

湿陷性黄土地基常用处理方法见表。

题解7-11表

名称	适用范围	可处理的湿陷性黄土层深度(m)
垫层法	地下水位以上，局部或整片处理	1~3
强夯法	地下水位以上，S_r≤60%的湿陷性黄土，局部或整片处理	3~12
挤密法	地下水位以上，S_r≤65%的湿陷性黄土	5~15
预浸水法	自重湿陷性黄土场地，地基湿陷等级为Ⅲ级或Ⅳ级，可消除地面以下6m以下湿陷性黄土层的全部湿陷性	6m以上，尚应采用垫层或其他方法处理
其他方法	经试验研究或工程实践证明行之有效	

(2)防水措施：做好场地平整和排水系统，不使地面积水。压实建筑物四周地面表层，做好散水，防止雨水直接渗入地基；主要给排水管道离开房屋要有一定距离；配置检漏设施，避免

漏水浸泡局部地基土。

(3)结构措施:①减轻建筑物的自重。②减小或调整基底的附加压力。③增强基础刚度。④采用对不均匀沉降不敏感的结构。⑤设置圈梁。

7-12 什么叫作膨胀土?它具有哪些主要的外观特征?

【解析】 (1)膨胀土是土中的黏粒成分主要由亲水性矿物组成,同时具有显著的吸水膨胀和失水收缩两种变形特性的黏性土。

(2)主要的外观特征:①在自然状态下,液性指数 I_L 小于零,呈坚硬或硬塑状态,孔隙比 e 一般为0.6~1.1,压缩性较低,具有红褐、黄、白色。②裂隙发育,常见的裂隙有竖向、斜交和水平三种。

7-13 如何从土的组成和构造说明胀缩性的机理?

【解析】 (1)内在机制:主要是矿物成分及微观结构两方面。①膨胀土中含有大量的活性黏土矿物,如蒙脱石和伊利石,比表面积大,在低含水率的时候对水有巨大的吸力,土中蒙脱石的多寡直接决定着土的胀缩性质的强弱。②矿物成分在空间上的连接状态影响胀缩性质。面—面结构比团粒结构具有更大的吸水膨胀和失水收缩的能力。

(2)外界因素:水对膨胀土的作用,即水分的迁移是控制土胀、缩特性的外在因素。因为只有土中存在可能产生水分迁移的梯度和进行水分迁移的途径,才有可能引起土的膨胀或收缩。

7-14 什么叫作自由膨胀率 δ_{ep}?如何测定土的自由膨胀率?

【解析】 (1)人工制备的烘干松散土样在水中膨胀稳定后,其体积增加值与原体积之比的百分率。

(2)参见《膨胀土地区建筑技术规范》(GB 50112—2013)P40页及附录D——自由膨胀率试验,试验装置如图所示。

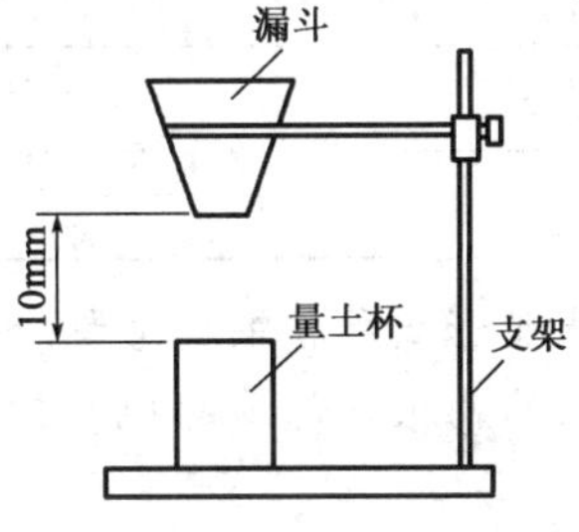

题解7-14图　自由膨胀率试验装置

①应用四分对角法取代表性风干土100g,应碾细并全部过0.5mm筛,石子、姜石、结核等应去除。

②应将过筛的试样拌匀，并应在105～110℃下烘至恒重，同时应在干燥器内冷却至室温。

③应将无颈漏斗放到支架上，漏斗下口对准土杯中心并保持10mm距离。

④应用取土匙取适量试样倒入漏斗中，倒土时匙应与漏斗壁接触，且应靠近漏斗底部，应边倒边用细铁丝轻轻搅动，并应避免漏斗堵塞。当试样装满量土杯并开始溢出时，应停止向漏斗倒土，应移开漏斗刮去杯口多余的土。应将量土杯中试样倒入匙中，再次将量土杯置于漏斗下方，应将匙中土按上述方法倒入漏斗，使其全部落入量土杯中，刮去多余土后称量量土杯中试样质量。本步骤应进行两次重复测定，两次测定的差值不得大于0.1g。

7-15 什么叫作膨胀率 δ_{ep} 和膨胀力 p_e？

【解析】 膨胀率 δ_{ep} 表示原状土或扰动土样在侧限压缩仪中，在一定压力下，浸水膨胀稳定后，土样增加的高度与原高度之比的百分率。

膨胀力 p_e 表示在侧限条件下原状土样或者扰动土样，在体积不变时，由于浸水膨胀产生的最大内应力。

7-16 什么叫作线缩率 δ_{sr} 和收缩系数 λ_s？

【解析】 线缩率 δ_{sr} 是指天然湿度下烘干或风干后的环刀土样的竖向收缩变形与原高度之比的百分率。

收缩系数 λ_s 是环刀土样在直线收缩阶段内，含水率每减少1%时所对应的竖向线缩率的改变值。

7-17 膨胀土地基按胀缩量划分成几种等级？胀缩变形量如何计算？计算膨胀变形量取多大的基底压力？

【解析】 (1)地基按胀缩量划分等级见表。

题解7-17表

地基分级变形量 s_c(mm)	级　别
$15 \leqslant s_c < 35$	Ⅰ
$35 \leqslant s_c < 70$	Ⅱ
$s_c \geqslant 70$	Ⅲ

(2)胀缩变形量包括地基的膨胀变形量和收缩变形量。

(3)规定以50kPa压力下测定土的膨胀率计算的地基的分级变形量作为划分胀缩等级的标准。

7-18 膨胀土地基的实际变形量分为几种情况？各种情况的变形量如何计算？

【解析】 (1)膨胀土地基的变形指的是胀、缩变形，而其变形形态与当地气温、地形、地湿、地下水运动以及地面覆盖、树木植被、建筑物重量等因素有关,在不同的条件下,可表现为三种不同的变形形态,即上升型变形、下降型变形、升降型变形。因此,膨胀土地基变形量计算应根据实际情况,可按下列三种情况分别计算:①当离地表1m处地基土的天然含水率等于或者接近最小值时,或地面有覆盖且无蒸发可能时,以及建筑物在使用期间经常受水浸湿的地基,可按膨胀变形量计算。②当离地表1m处地基土的天然含水率大于1.2倍塑限含水率时,或直接接受高温作用的地基,可按收缩变形量计算。③其他情况下可按胀、缩变形量计算。

(2)①地基土的膨胀变形量:$s_{e}=\psi_{e}\sum_{i=1}^{n}\delta_{epi}h_{i}$

②地基土的收缩变形量:$s_{s}=\psi_{s}\sum_{i=1}^{n}\lambda_{si}\Delta\omega_{i}h_{i}$

③地基土的胀缩变形量 $s_{es}=\psi_{es}\sum_{i=1}^{n}(\delta_{epi}+\lambda_{si}\Delta\omega_{i})h_{i}$

7-19 膨胀土地基上建筑物允许沉降量的控制标准,较一般地基,应更为严格还是略为降低?

【解析】 (1)膨胀土地基上建筑物的地基变形计算值不应大于地基变形允许值,即 $s\leqslant[s]$。

(2)膨胀土地基的允许变形量小于一般地基。膨胀土上房屋的允许变形量之所以小于一般地基土,原因在于膨胀土变形的特殊性。在各种外界因素(如土质的不均匀性、季节气候、地下水、局部水源和热源、树木和房屋覆盖的作用等)影响下,房屋随着地基持续的不均匀变形,常常呈现正反两个方向的挠曲。房屋所承受的附加应力随着升降变形的循环往复而变化,使墙体的强度逐渐衰减。在产生竖向位移的同时,往往伴随有水平位移及基础转动,几种位移共同作用的结果,使结构处于更为复杂的应力状态。从膨胀土的特征来看,土质一般情况下较坚硬,调整上部结构不均匀变形的作用也较差。鉴于上述种种因素,膨胀土上低层砌体结构往往在较小的位移幅度时就产生开裂破坏。

7-20 膨胀土地基的最小埋深多大?这个规定有何依据?

【解析】 (1)规范规定建筑物的基础埋置深度不应小于1.0m。

(2)原因:考虑到地表土层长期受到胀缩干湿循环变形的影响,土中裂隙发育,土的强度指标,特别是黏聚力显著降低,坡地上的大量浅层滑坡发生在地表下1.0m的范围内,是活动性的地带,因此,规范规定建筑物的基础埋置深度不应小于1.0m。

7-21 膨胀土地基当变形量不能满足要求时,可以采取哪些工程措施?

【解析】 (1)建筑措施。

①建筑物应尽量布置在地形条件比较简单、土质均匀、地形坡度小,胀缩性较弱的场地,不宜建在地下水位升降变化大的地段。②建筑物体型应力求简单。③加强隔水,排水措施,尽量减少地基土的含水率变化。④室内地面设计应根据要求区别对待。⑤建筑物周围散水以外的

空地宜种草皮。

(2)结构措施。

①膨胀土地区宜建造3层以上的高层房屋,以加大基底压力,防止膨胀变形。②较均匀的弱膨胀土地基可采用条形基础,若基础埋深较大或条基基底压力较小时,宜采用墩基础。③承重砌体结构宜采用实心墙。④为增加房屋的整体刚度,基础顶部和房屋顶层宜设置圈梁。⑤钢和钢筋混凝土排架结构、山墙和内隔墙应采用与桩基相同的基础形式;维护墙应砌置在基础梁上,基础梁底与地面之间宜留有100mm左右的空隙。

(3)地基处理。

①换土垫层。②增大基础埋深。③石灰灌浆加固。④桩基。

(4)在膨胀土地基上进行基础施工时,宜采用分段快速作业法。施工过程中不得使基坑暴晒或泡水,雨季施工应采取防水措施。基础施工出地面后,基坑应及时分层回填完毕。

7-22 对某黄土样进行压缩试验,试验时切取原状土样用的环刀高20mm,土样浸水前后的压缩变形量见表,已知黄土的相对密度 $G_s=2.71$,天然状态下干重度 $\rho_d=14.1\text{kN/m}^3$,要求:(1)绘出浸水前后压力与孔隙比关系曲线。(2)求 $p=200\text{kPa}$ 时土的湿陷系数 δ_s。

题7-22表

土样浸水情况	天然含水率					浸水饱和			
垂直压力(kPa)	0	50	100	150	200	200	250	300	400
土样变形量(mm)	0	0.22	0.41	0.43	0.45	2.51	2.56	2.62	2.82

【解析】 参见《基础工程》(第3版)335页:湿陷系数及黄土湿陷性的判别。

(1)原状土样的孔隙比 $e_0=\dfrac{G_s}{\rho_d}-1=\dfrac{2.71}{1.41}-1=0.922$

根据表格试验数据,由公式 $e=e_0-(1+e_0)\dfrac{s}{H_0}$,可求出各个阶段的孔隙比,见表。

题解7-22表

土样浸水情况	天然含水率					浸水饱和			
垂直压力(kPa)	0	50	100	150	200	200	250	300	400
土样变形量(mm)	0	0.22	0.40	0.43	0.45	2.51	2.56	2.62	2.82
土样高度(mm)	20	19.78	19.59	19.57	19.55	17.49	17.44	17.38	17.18
孔隙比	0.922	0.9	0.883	0.881	0.879	0.681	0.676	0.670	0.651

(2)$p=200\text{kPa}$ 时,土的湿陷系数 $\delta_s=\dfrac{h_p-h'_p}{h_0}=\dfrac{19.55-17.49}{20}=0.103$

7-23 在甘肃东部(陇东)地区某建筑场地进行工程地质勘察,其中一个探井的土工试验资料如表,试确定该场地的湿陷类型和黄土地基的湿陷等级。

题解7-23表

取土深度(m)	1.5	2.5	3.5	4.5	5.5	6.5	7.5	8.5	9.5	10.5
δ_s	0.075	0.057	0.073	0.028	0.086	0.085	0.072	0.037	0.002	0.039
δ_{zs}	0.0018	0.014	0.020	0.013	0.027	0.055	0.050	0.013	0.001	0.025

【解析】 参见《基础工程》(第3版)336页:建筑场地湿陷类型的划分;337页:湿陷性黄土地基湿陷等级的划分。

(1)陇东地区 $\beta_0=1.2$,则该场地的自重湿陷量计算值 $\Delta_{zs}=\beta_0\sum_{i=1}^{n}\delta_{zsi}h_i$

$$\Delta_{zs}=\beta_0\sum_{i=1}^{n}\delta_{zsi}h_i=1.2\times1000\times(0.02+0.027+0.055+0.05+0.025)$$

$$=212.4\text{mm}>70\text{mm}$$

判定场地的湿陷类型为自重湿陷性场地。

(2)地基湿陷量的计算值 $\Delta_s=\sum_{i=1}^{n}\beta\delta_{si}h_i$,其中,基底下0~5m,$\beta=1.5$;基底下5~10m,$\beta=1$。

$$\Delta_s=\sum_{i=1}^{n}\beta\delta_{si}h_i=1.5\times1000\times(0.075\times0.5+0.057+0.073+0.028+0.086+0.085\times0.5)+1\times1000\times(0.085\times0.5+0.072+0.037+0.039)=676.5\text{mm}$$

查教材中表7-3,可知黄土地基的湿陷等级为Ⅱ级(中等)

7-24 **对某膨胀土样进行自由膨胀率试验,已知土样原始体积为10mL,膨胀稳定后测得土样体积为15.6mL,试求此土的自由膨胀率。**

【解析】 参见《基础工程》(第3版)344页:膨胀土的胀缩性指标。

自由膨胀率 $\delta_{ep}=\dfrac{V_w-V_0}{V_0}\times100\%=\dfrac{15.6-10}{10}\times100\%=56\%$

第 8 章　地基抗震分析和设计习题解析

8-1　什么叫作压缩波、剪切波、瑞利波和乐甫波？

【解析】 (1)压缩波(P 波、初到波)：即纵波，由震源向外传播的压缩波，质点的振动方向与波前进的方向一致，如声波。

(2)剪切波(S 波、次到波)：即横波，质点的振动方向与波的前进方向相垂直。

(3)瑞利波：如图所示，xy 为弹性体的表面，接近表面的质点，在 xz 平面内作椭圆形运动，并向 x 方向传播，这时在 y 方向没有振动，就如质点在地面上呈滚动的形式前进，这种形式的波称为瑞利波。

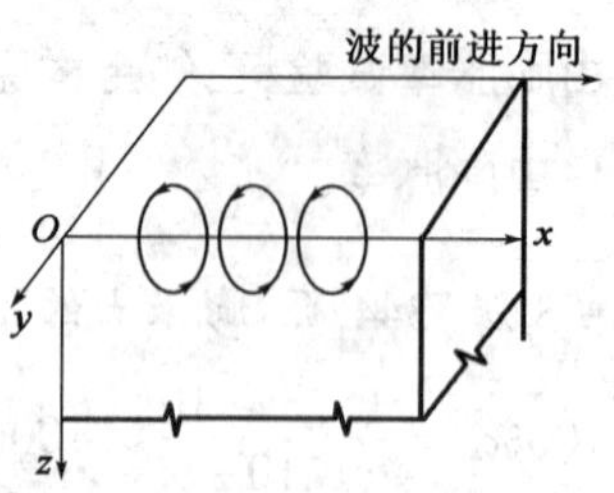

题解 8-1 图 1　瑞利波的传播

(4)乐甫波：如图所示，设在弹性体中，表层土 M' 与下层土 M 的弹性性质不同，上层的横波波速 v_s'，而下层为 v_s，这时，在表层 M' 及两层介质的交界面附近将发生乐甫波。乐甫波沿 x 轴方向传播，质点的运动方向是水平的，即在 xy 平面内作蛇形摆动，波速为 v_L，其值介于 v_s 和 v_s' 之间。

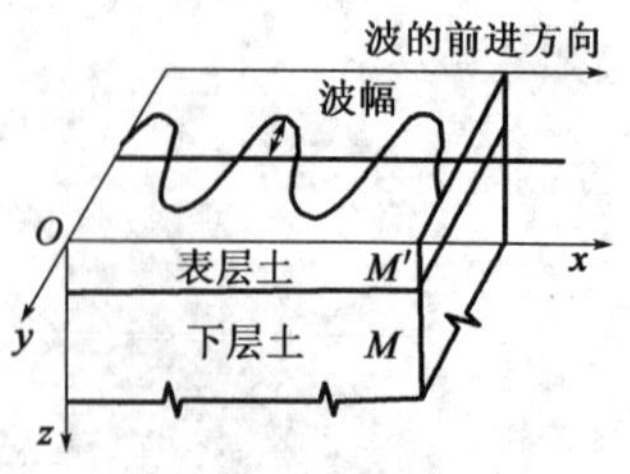

题解 8-1 图 2　乐甫波的传播

8-2 地震的震级和烈度有什么区别?

【解析】 地震震级:表示地震本身能量大小的尺度,以 M 表示,其数值是根据地震仪记录的地震波图来确定的。

地震烈度:指某一地区地面和各种建筑物遭受一次地震影响的强弱程度。

8-3 何谓震源、震中、震中距和等震线?

【解析】 如图所示,震源:发生地震的部位。

震中:震源铅垂于地面的位置,它是受地震影响最强烈的地区。

震中距:从地面上某一点至震中的距离。

等震线:对应一次地震,根据烈度表,可以对某一点评定出一个烈度。所有烈度相同点的外包线,称为等震线,它与地形等高线相仿,用以表示烈度的分布情况。

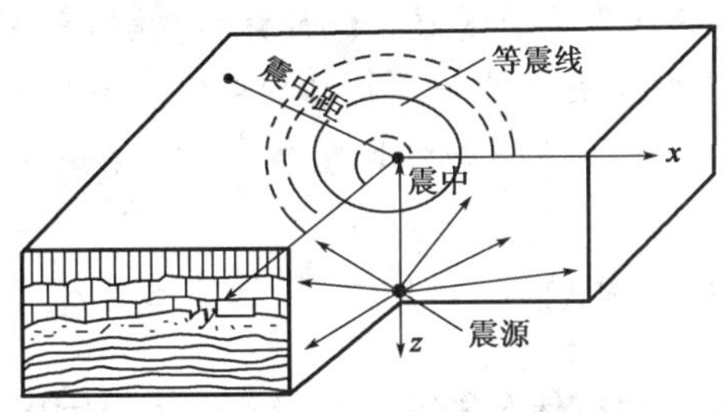

题解 8-3 图　地震波传播

8-4 某地区的地震烈度为 7 度,问其水平向和竖直向的地震加速度约多大?

【解析】 参见教材中表 8-3 可知:水平向地震加速度为 $0.10g$,竖直向地震加速度为水平向地震加速度的 2/3 倍,即为 $0.067g$。

8-5 如何定义众值烈度、基本烈度和罕遇烈度?

【解析】 50 年内超越概率为 63%(地震重现期为 50 年)的地震称为多遇地震,相应的烈度为众值烈度。50 年内超越概率为 10%(地震重现期为 475 年)的烈度称为基本烈度。50 年内超越概率为 2% ~3%(地震重现期为 1600 ~2400 年)的烈度称为罕遇烈度。

8-6 什么叫地震设防烈度? 如何确定地区的地震设防烈度?

【解析】 (1)由国家授权的机构批准,作为某一地区抗震设防所依据的地震烈度称为抗震设防烈度。

(2)依据我国的实际情况,提出一般建筑物的抗震设防目标为:当遭遇众值烈度地震时,要求建筑物保持正常使用状况;当遭遇基本烈度地震时,结构可以进入非弹性工作阶段,允许局部损坏,但可以修复;当遭遇罕遇地震时,结构可以有较大的非弹性变形,但仍控制在规定的范围内,不至于倒塌或发生危及性命的严重破坏,即所谓"小震不坏,中震可修,大震不倒"。

8-7 什么叫作地震设计反应谱?

【解析】 区域或场地的地面加速度时程曲线在地震前无法预测,于是,国内外学者把能够收集到的世界各地历次强震所记录的地面运动加速度时程曲线,逐一进行分析,得到许多某次地震的加速度反应谱曲线,再对这些曲线进行归纳统计分析,最后将曲线平滑化,就得到设计地震加速度反应谱。

8-8 地震影响系数曲线有何功能?影响曲线形状的有哪些主要因素?

【解析】 (1)地震影响系数曲线是设计反应谱理论的一种表达形式,抗震设计反应谱是根据大量实际记录分析得到的地震反应谱进行统计分析,并结合震害经验综合判断给出的,是从工程设计的角度,在总体上把握具有某一类特征的地震动特性。根据地震影响系数曲线、结构物的自振周期 T,可以查到结构物在相应的地震烈度下的影响系数 α 值,也就是最大的水平加速度反应。

(2)影响曲线形状的主要因素:烈度、场地类别、设计地震分组、结构自振周期、阻尼比。

8-9 建筑场地对地震作用有什么影响?起影响的主要因素是什么?

【解析】 (1)地形的影响。地形的影响主要表现在突出的山梁、孤立的山丘、高差大的黄土台地边缘和山嘴等处。(2)覆盖层厚度和土性的影响。在深厚而松软的覆盖层上的建筑物的震害较重,基岩埋藏浅,土质坚硬的地基则震害相对较轻;震害的程度还与建筑物的性质密切相关,自震周期较长的建筑,即层数高、柔性大的结构,在深软的地基上震害较严重,而周期短,即低层刚度大的建筑在坚硬地基上震害较严重。

8-10 从抗震的角度,场地如何分类?分成哪几类?

【解析】 按地形、地貌、地质划分,可分为为对抗震有利、一般、不利和危险四种地段。各种地段的标准如表所示。

题解 8-10 表

地段类别	地形、地貌、地质
有利地段	稳定基岩,坚硬土,开阔、平坦、密实、均匀的中硬土等
一般地段	不属于不利、有利和危险的地段
不利地段	软弱土,液化土,条状突出的山嘴,高耸孤立的山丘,陡坡,陡坎,河岸和边坡的边缘,平面分布上成因、岩性、状态明显不均匀的土层(含故河道、疏松的断层破碎带、暗埋的塘浜沟谷和半填半挖地基),高含水率的可塑黄土,地表存在结构性裂缝等
危险地段	地震时可能发生滑坡、崩塌、地陷、地裂、泥石流等及发震断裂带上可能发生地表错位的部位

8-11 **地震波在地基中内的传播速度与土的性质有关，土越坚硬密实，波速越快还是越慢？**

【解析】 土越坚硬密实，波速越快。

8-12 **土发生液化的机理是什么？它与土体受剪切发生体积变化有什么关系？为什么饱和松砂容易液化而饱和密砂不容易液化？**

【解析】 (1)场地或地基内的松或较松饱和无黏性土和少黏性土受动力作用，体积有缩小的趋势，若土中水不能及时排出，就表现为孔隙水压力的升高。当孔隙水压力累计至相当于土层的上覆压力时，粒间没有有效压力，土丧失抗剪强度，这时若稍微受剪切作用，即发生黏滞性流动，称为液化。

(2)土在排水条件下受剪切将发生体胀或体缩，而在不排水条件下，则体积的变化趋势表现为超静孔隙水压力的发展，其值可正可负。土受周期荷载作用，实际上受反复的剪切作用，因此，在不排水条件下必然伴随着孔隙水压力的生成和发展。与静应力作用有一点不同，不论松砂或密砂，每一次应力循环都要引起正值的孔隙水压力的增加，松砂增加得快，密砂增加得慢。因此饱和松砂容易液化而饱和密砂不容易液化。

8-13 **按《建筑抗震设计规范》，如何初步判定地基土层是否发生液化？**

【解析】 地面下存在着饱和砂土和粉土，当符合下列条件之一时，可初步判别为不液化或液化程度很低，可不考虑液化的影响。

(1)土层的地质年代为第四纪晚更新世(Q_3)或更早，且地震烈度仅为 7 度和 8 度时。

(2)粉土中黏粒含量(粒径小于 0.005mm)不小于表所示百分率时。

黏粒含量界限值　　　　题解 8-13 表

烈度	7 度	8 度	9 度
黏粒含量	10%	13%	16%

注：黏粒含量采用六偏磷酸钠为分散剂测定，用其他方法时应按有关规定换算。

(3)上覆非液化土层的厚度和地下水位的深度符合下列条件之一时：

$$h_u > d_0 + d - 2$$

$$d_w > d_0 + d - 3$$

$$h_u + d_w > 1.5d_0 + 2d - 4.5$$

8-14 **按《建筑抗震设计规范》规定，应按标准贯入试验结果判定地基土层能否液化，依据是什么？用什么标准判定？**

【解析】 (1)依据：从土的液化机理可知，松的土容易发生液化，密实的土难以液化，标准贯入试验是测定原位土密实度的比较有效的方法。

(2)规范确定对于地面下20m范围内土层采用如下的液化判别标准：当饱和砂土或饱和粉土实测的标准贯入击数N值(未经杆长修正)小于下式所确定的临界值N_{cr}时，应判别为可液化土；大于或等于该值时，则为非液化土。

$$N_{cr} = N_0\beta[\ln(0.6d_s + 1.5) - 0.1d_w]\sqrt{\frac{3}{\rho_c}}$$

8-15 用美国学者H.B.Seed的抗液化剪应力法进行地基土层液化判别时，需要进行哪些试验和计算？

【解析】 (1)通过动力反应分析确定等效地震剪应力：

$$\tau_{av} = 0.65\frac{\gamma h}{g}a_{max}\Gamma_d$$

(2)通过动三轴试验确定抗液化剪应力：

$$\tau_d = C_r\frac{\sigma_d}{2\sigma_3}\gamma' h\frac{D_r}{0.5}$$

地震剪应力τ_{av}和地基土的抗液化剪应力τ_d求出后，就可以进行对比，当$\tau_{av} > \tau_d$时，表明地基土要液化，反之则不液化。

8-16 题8-15抗液化剪应力法的主要缺点是什么？如何补救？

【解析】 (1)主要缺点：采用抗液化剪应力法需取原状土样以测定土的抗液化剪应力，而易于液化的土，通常是饱和松散的砂土和粉土，这类土很难从地基深处取得原状土样。实验室有时用人工制备土样代替，然而，尽管控制土样的密度与原状土的密度相同，由于无法模拟原状土的结构，所以测得的抗液化剪应力仍然不能代表原位土的抗液化剪应力，一般数值偏小。

(2)为了克服上述缺点，H.B.Seed等学者搜集了包括中国在内的世界各地在7.5级地震中所表现的场地液化或不液化的现场资料，包括土层性质、液化深度、有效覆盖压力σ'_v、最大地面加速度a_{max}以及标贯击数N等数据，再按公式$\tau_{av} = 0.65\frac{\gamma h}{g}a_{max}\Gamma_d$计算地震剪应力$\tau_{av}$或地震剪应力比$\frac{\tau_{av}}{\sigma'_v}$，并以$\frac{\tau_{av}}{\sigma'_v}$为纵坐标，$N_1$为横坐标，将各地的实测$\frac{\tau_{av}}{\sigma'_v}$和$N_1$值分液化和不液化两种标点示于坐标图中，如图所示；然后根据液化点和不液化点的分布绘出液化和不液化的分界线，这一分界线就是抗液化剪应力比$\frac{\tau_d}{\sigma'_v}$与标贯击数N_1的关系曲线。对于某一标贯击数N_1的场地，如果以它的地面最大加速度，用公式$\tau_{av} = 0.65\frac{\gamma h}{g}a_{max}\Gamma_d$计算得到的地震剪应力比$\frac{\tau_{av}}{\sigma'_v}$位于分界线以上，表示场地的地震剪应力大于场地的抗液化强度，场地将发生液化；反之，则不液化。这样，实际上就是用原位标贯试验取代了在实验室测定土的抗液化剪应力，因而避免了需要取原状土样的缺点。

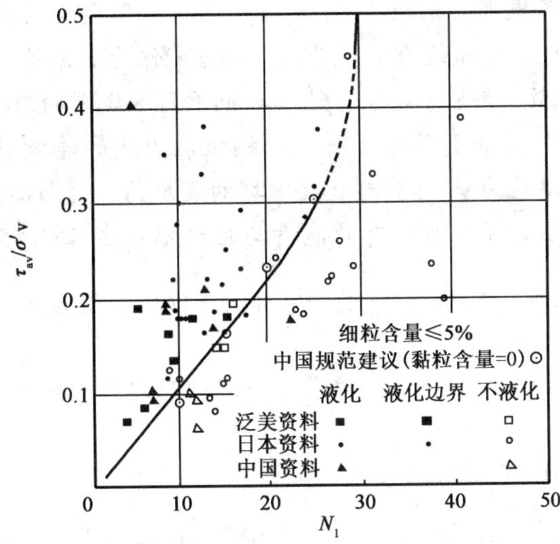

题解 8-16 图　7.5 震级纯砂抗液化剪应力与 N_1 关系曲线(西特等 1984 年)

8-17 等价震次的概念是什么？如何将一列不规则地震波等价成等幅值的规则波(例如正弦波)？

【解析】 地震中,地基内各处产生的剪应力是随时间而变化的,在抗液化剪应力法中,把地震剪应力简化成一个等效的周期应力,周期应力的幅值取为最大剪应力的 0.65 倍,循环周数与地震的震级有关,震级越高,地震的持续时间越长,循环周数就越多,如表所示。

题解 8-17 表

震　　级	等 效 振 幅	等效循环周数 N_{eq}	持续时间(s)
5.5 ~ 6	$0.65\tau_{max}$	5	8
6.5		8	14
7.0		12	20
7.5		20	40
8.0		80	60

8-18 简要说明场地地震动力反应分析的基本假定和主要内容。

【解析】 (1)假定内容:假定水平场地土的振动是由竖直向上传播的剪切波引起。

(2)①地震过程中质点的动剪应力时程曲线是不规则变化的曲线,为了与实验室中用等幅值的周期动力试验结果相对比,必须将这种不规则的动应力时程曲线等价为均匀周期应力和振次。假定每一次应力循环所具有的能量对材料都要起一定的破坏作用,且这种破坏作用与能量的大小成正比,而与应力循环的先后次序无关。②根据这一原则,就可以利用图 b)的抗液化强度曲线，将一列不规则的动应力，等价成幅值 τ_{eq}、周期为为 N_{eq} 的均匀周期应力。设图 a) 土中不规则动应力的最大幅值为 τ_{max}，取 $\tau_{eq}=R\tau_{max}$ 作为等效均匀周期应力的幅值，其中 R 可以是任意小于 1 的小数，习惯上取为 0.65。再把该列不规则的应力时程曲线，按幅值的大小分成若干组，例如组数为 k，分别算出每一组等幅值应力波的等效循环周数 n_{eqi}。如果在这一列不规则的应力波中，幅值为 τ_i 时引起液化破坏的震次为 N_{if}，而幅值为 τ_{eq} 时的液化破坏震次为 N_{ef}。若认为每一次应力循环所具有的能量与应力幅值成正比，则幅值为 τ_i 的一次应力循环所引起的破坏作用相当于幅值为 τ_{eq} 是的 $\dfrac{N_{ef}}{N_{if}}$ 倍。因此，幅值为 τ_i 的 n_i 次应力循环等价于幅值为 τ_{eq} 的等效循环次数为 $n_{eqi}=n_i\dfrac{N_{ef}}{N_{if}}$，故整个不规则应力时程曲线等价为幅值为 τ_{eq} 的等幅周期应力后，其等效周期 $N_{eq}=\sum\limits_{i=1}^{k}n_{eqi}=\sum\limits_{i=1}^{k}n_i\dfrac{N_{ef}}{N_{if}}$。

(3) 如果以 N_{eq} 为破坏振次，从图 b) 的抗液化强度曲线，可查出其相应的动应力，也就是该种土的抗液化强度 τ_d。显然，如果 $\tau_{eq}>\tau_d$，表明作用于质点上的动应力大于抗液化强度，土体要发生液化；反之，若 $\tau_{eq}<\tau_d$，则不发生液化。这样，通过上述动力分析，得出各质点的动应力时程曲线后，就可以求出各质点所代表的地基土层是否发生液化，进而能够勾画出发生液化的范围。

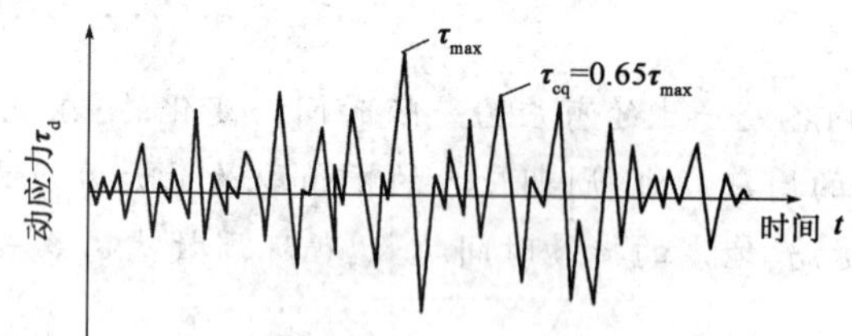

a)动力分析得出的某质点动应力时程曲线

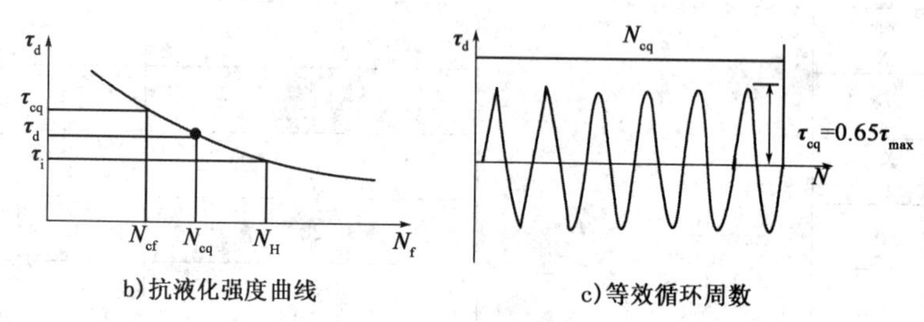

b)抗液化强度曲线　　c)等效循环周数

题解 8-18 图　不规则荷载的等效循环周数

8-19 何谓地基的液化指数 I_{lE}，如何按 I_{lE} 划分地基的液化等级？

【解析】 (1) 当确定地基中某些土层属于可液化土后，需要进一步估计整个地基产生液化后果的严重性，即危害程度，显然，土很容易液化，而且液化土层的范围很大，属于严重液化地基；土不大容易液化，且液化土的范围不大则属于轻度液化地基。规范中将这一概念具体用液化指数 I_{lE} 表示：$I_{lE}=\sum\limits_{i=1}^{n}\left(1-\dfrac{N_i}{N_{cri}}\right)h_iW_i$。

(2)地基按液化指数 I_{lE} 的大小,分成如表所示的 3 个等级。

题解 8-19 表

液化等级	轻微	中等	严重
液化指数 I_{lE}	$0 < I_{lE} \leqslant 6$	$6 < I_{lE} \leqslant 18$	$I_{lE} > 18$

8-20 何谓地基震陷?震陷的成因有哪几类?

【解析】 (1)震陷是指地震产生的竖向永久变形(即塑性变形)。

(2)震陷的成因:①因土体体积缩小引起的震陷。②剪切变形引起的震陷。③地基土流失引起的震陷。

8-21 在上述的场地地震动力反应分析中,土的应力—应变关系模型常取为黏弹性模型,这种情况,计算得到的动变形是否就是"震陷"?

【解析】 在地基动力反应分析中,把地基当成黏弹性材料,黏性表示因阻尼作用而使变形有滞后效应,但就变形性质而言,则仍是弹性的,可以恢复的,也即动力作用结束后,变形也就完全复原,没有残留值。但是土并非弹性体,而是碎散颗粒集合体,受振动作用,要振密,发生塑性变形,即为震陷。因此,场地地震动力反应分析中,土的应力—应变关系模型常取为黏弹性模型,这种情况,计算得到的动变形不是"震陷"。

8-22 工程上常用模量软化法以简化地基震陷的计算,什么叫"软化模量"?说明模量软化法的基本内容?

【解析】 以非饱和土为例,其分析的过程如下:

(1)在实验室进行地基土的动力三轴试验,建立动应力幅 τ_d(或动应变幅 γ_d)、试件的动力体积应变 ε_{vd} 和动力轴向线性应变 ε_{1d} 与循环次数 N 的关系曲线,如图 1 所示。

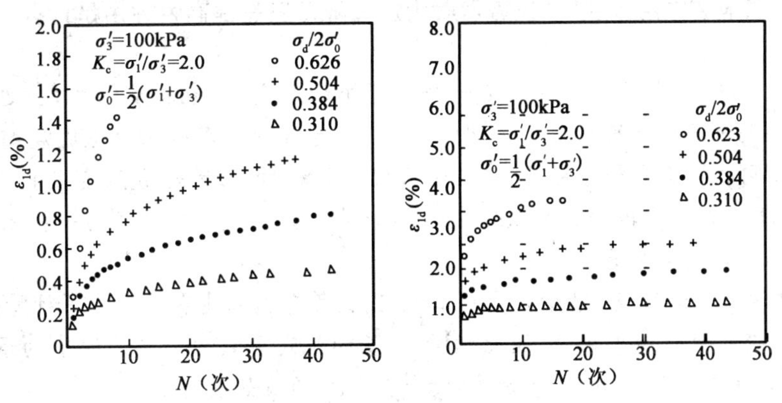

题解 8-22 图 1　某种非饱和砂砾料残余应变和残余轴应变与振次的关系

(2)把地基当成非线性弹性体,用当前常用的静应力应变关系模型,例如E-B模型计算地基的震前沉陷量 s_1,以某结点 i 为例,即为 s_{1i}。

(3)把地基土体当成非线性黏弹性体,用上述方法进行动力反应分析,得到地震后某时刻 Δt_1 地基内某单元的等价动应力幅 τ_{di}(或等价动应变 γ_{di})及等价震次 N_i,然后从图6-17查得相应的单元体应变增量 $\Delta\varepsilon_{vdi}$ 和线应变增量 $\Delta\varepsilon_{1di}$。

(4)$\Delta\varepsilon_{vdi}$ 和 $\Delta\varepsilon_{1di}$ 代表经过 Δt_1 时刻动力作用,单元 i 内引起的体应变和线应变的潜在应变势。可以想象,如果只有一个单元,应变会如期产生。因为土体是连续单元的集合体,在众多的单元内,为保持边界的连续性,单元间相互约束,$\Delta\varepsilon_{vdi}$ 和 $\Delta\varepsilon_{1di}$ 不能单独发生;把应变势当成单元材料的模量发生软化,见图2。图中,单元 i 振前的应力为 σ_{1i} 和 σ_{3i},体应变为 ε_{vi},线应变为 ε_{1i},相应的变形模量为 $E_i=\dfrac{\sigma_{1i}-\sigma_{3i}}{\varepsilon_{1i}}$,体积模量为 $B_i=\dfrac{\sigma_{1i}-\sigma_{3i}}{3\varepsilon_{1i}}$。由步骤(3),经 Δt_1 的地震作用,产生的线应变增量为 $\Delta\varepsilon_{1di}$,体应变增量为 $\Delta\varepsilon_{vdi}$,相当于震后的模量变成 $E_i'=\dfrac{\sigma_{1i}-\sigma_{3i}}{\varepsilon_{1i}+\Delta\varepsilon_{1di}}$ 和 $B_i'=\dfrac{\sigma_{1i}-\sigma_{3i}}{3(\varepsilon_{1i}+\Delta\varepsilon_{1di})}$。$E_i'$ 和 B_i' 称为软化模量,这种方法称为模量软化法。

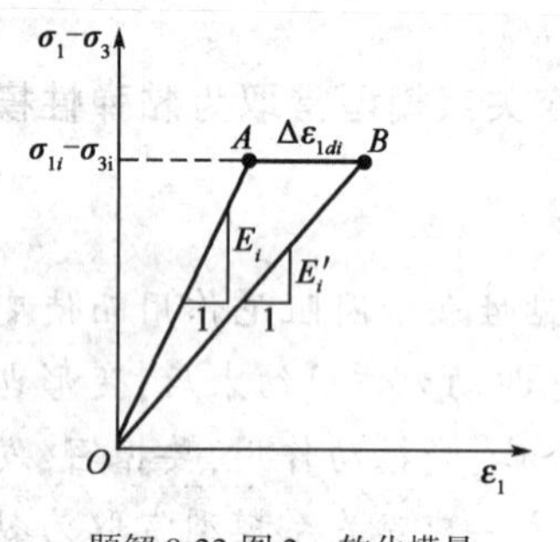

题解8-22图2 软化模量

(5)用模量 E_i' 和 B_i' 按步骤(2)再进行一次静力计算,得到 i 结点经过 Δt_1 震后的地基沉陷量 s_{2i}。显然 $\Delta s_i=s_{2i}-s_{1i}$ 应该就是地震历时 Δt_1 后,i 结点所产生的地基震陷量。如此,按时段连续进行上述步骤计算,直至地震结束,就能得到地基总的震陷量以及震陷随地震的发展过程。

8-23 在天然地基抗震承载力验算中,如何组合荷载?如何简化地震作用?

【解析】 (1)竖向荷载采用地震作用标准组合。

(2)地基基础的抗震验算,水平荷载一般采用"拟静力法",即把地震作用当成一个静力,称为地震力。

8-24 考虑地震作用,地基的抗震承载力应该降低还是提高?理由是什么?

【解析】 (1)地基承载力特征值是一个很笼统的概念,既包括变形控制,也包括稳定控制。就变形而言,地震引起的永久变形,即震陷,仅限于液化土和软土会造成震害,对一般地基岩土,可不考虑它的影响。就稳定性而言,地基极限承载力 p_{uE} 因地震烈度提高而降低,但是,由于土的动强度一般高于其静强度,所以除去因地震导致强度大幅下降的一些土类外,一般情况,地基稳定性不会显著降低。

(2)《建筑抗震设计规范》总结大量的工程经验,并考虑到地震作用是一种特殊工况,出现的概率较小,安全度可以适当降低,因此,规定地基的抗震承载力应取为地基的承载力特征值乘以地基土抗震承载力调整系数,表示为:$f_{aE}=\zeta_a f_a$,ζ_a 的值如表所示。

地基土抗震承载力调整系数　　题解 8-24 表

岩土名称和形状	ζ_a
岩石、密实的碎石土，密实的砾、粗、中砂 $f_{ak} \geqslant 300\text{kPa}$ 的黏性土和粉土	1.5
中密、稍密的碎石土，中密和稍密的砾、粗、中砂，密实和中密的细、粉砂，$150\text{kPa} \leqslant f_{ak} < 300\text{kPa}$ 的黏性土和粉土，坚硬黄土	1.3
稍密的细、粉砂，$100\text{kPa} \leqslant f_{ak} < 150\text{kPa}$ 的黏性土和粉土，可塑黄土	1.1
淤泥、淤泥质土，松散的砂，杂填土，新近堆积黄土及流塑黄土	1.0

8-25 工程实践表明，桩基有较好的抗震性能，如何给予说明？

【解析】　震害调查表明，在同一地震区，同种类型的结构，天然地基上的建筑物震害较重，而桩基上的建筑物震害要轻得多，甚至无明显震害，通常只有数毫米的附加沉陷量（震陷）。另外，房屋建筑所用的桩基，一般都是埋入地基中的低承台桩基，这种桩基，即便桩本身破坏或桩周土丧失承载力，其破坏效果不会突然表现出来，往往是地震后才逐渐显现，如发生缓慢持续的下沉现象等，不至于造成突然倒塌等灾难性的后果。

8-26 当地基内有液化土层时，桩的承载力如何确定？

【解析】　我国《建筑抗震设计规范》规定，非液化土的低承台桩基，单桩的竖向和水平向承载力特征值可以比非抗震设计时提高 25%，可作为设计的依据。

8-27 震害调查中发现，液化地基上的建筑物，常发生严重的下陷、倾斜，但上部结构却无重大损害，试分析其原因。

【解析】　(1)房屋建筑所用的桩基，一般都是埋入地基中的低承台桩基，这种桩基，即便桩本身破坏或桩周土丧失承载力，其破坏效果不会突然表现出来，往往是地震后才逐渐显现，如发生缓慢持续的下沉现象等，不至于造成突然倒塌等灾难性的后果。除非桩端支撑在液化土或很弱的软土上，桩基一般不会失稳。(2)地震作用属于特殊荷载，设计上应允许采用较小的安全系数，较之静荷载作用，单桩承载力可以有所提高。

8-28 地基覆盖层为厚 5m 的粉土夹碎石层，剪切波速为 200m/s，以下为基岩。振动体系阻尼比 $\zeta=0.04$，场地抗震设防烈度为第一组 8 度。(1)试绘制该场地的地震影响系数曲线（多遇地震）。(2)已知建筑物的基本振动周期 $T=1.5\text{s}$，求地震影响系数 α。

【解析】　参见《基础工程》（第 3 版）365 页：地震加速度反应谱。

(1)绘制地震影响系数曲线

振动体系阻尼比 $\zeta=0.04$，则阻尼调整系数：

$$\eta_2=1+\frac{0.05-\zeta}{0.08+1.6\zeta}=1+\frac{0.05-0.04}{0.08+1.6\times0.04}=1.069$$

衰减指数：$\gamma=0.9+\dfrac{0.05-\zeta}{0.3+6\zeta}=0.9+\dfrac{0.05-0.04}{0.3+6\times0.04}=0.919$

斜率调整系数：$\eta_1=0.02+\dfrac{0.05-\zeta}{4+32\zeta}=1+\dfrac{0.05-0.04}{4+32\times0.04}=0.0219$

由教材中表 8-6 查得，多遇地震 8 度时的地震影响系数最大值 $\alpha_{max}=0.16$，则：

$\eta_2\alpha_{max}=1.069\times0.16=0.171$

地基覆盖层为厚 5m 的粉土夹碎石层，剪切波速为 200m/s，以下为基岩，故覆盖层计算深度为 5m，等效剪切波速 $v_{se}=200\text{m/s}$，查教材中表 8-11，场地属于Ⅱ类场地。

场地抗震设防烈度为第一组，Ⅱ类场地，查教材中表 8-7，得特征周期 $T_g=0.35s$，则 $5T_g=1.75s$

T_g 至 $5T_g$ 区间，地震影响系数的表达式为：

$$\alpha=\left(\frac{T_g}{T}\right)^{\gamma}\eta_2\alpha_{max}=\left(\frac{0.35}{T}\right)^{0.919}\times0.171$$

$5T_g$ 至 6s 区段的地震影响系数曲线表达式为：

$$\alpha=0.2^{\gamma}\times\eta_2\alpha_{max}-\eta_1(T-5T_g)\alpha_{max}$$

$$\alpha=0.2^{0.919}\times1.069\times0.16-0.0219\times(T-5T_g)\times0.16=0.039-3.5\times10^{-3}(T-5T_g)$$

（2）绘制地震影响系数曲线

$$T_g<T=1.5s<5T_g,\alpha=\left(\frac{T_g}{T}\right)^{\gamma}\eta_2\alpha_{max}=\left(\frac{0.35}{T}\right)^{0.919}\times0.171=\left(\frac{0.35}{1.5}\right)^{0.919}\times0.171=0.0449$$

8-29 **地基土层如图所示，第一层粉土黏粒含量 $\rho_c=8\%$，第二层细砂黏粒含量 $\rho_c=1\%$，均为新近沉积土，第三层砂砾土为第四纪老沉积土（Q_3），各层土的饱和重度如图所示，基础埋置深度 1.5m，场地设防烈度为第二组 8 度，试用规范法判别各层土是否属于地震可液化土。**

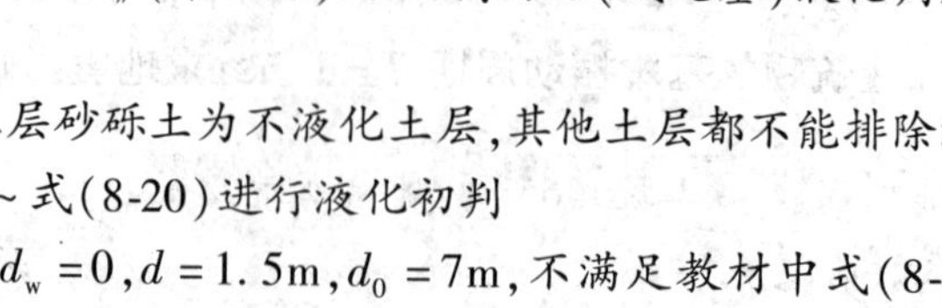

地面 地下水位

粉土 γ_{sat}=18.4kN/m³ 5m N=7

细砂 γ_{sat}=18.7kN/m³ 5m N=16

砂砾石 γ_{sat}=22.5kN/m³ 5m N=40

基岩

题 8-29 图

【解析】 参见《基础工程》（第 3 版）375 页：场地（或地基）液化判别或液化等级划分。

（1）初判

根据地质年代，第三层砂砾土为不液化土层，其他土层都不能排除液化的可能性。

用教材中式(8-18)～式(8-20)进行液化初判

第一层粉土：$h_u=0,d_w=0,d=1.5m,d_0=7m$，不满足教材中式(8-18)～式(8-20)任何一

式的要求，故不能判定为非液化土。

第二层细砂：$h_u=0$，$d_w=0$，$d=1.5\text{m}$，$d_0=8\text{m}$，不满足教材中式（8-18）~式（8-20）任何一式的要求，故不能判定为非液化土。

（2）用标贯击数进行液化可能性判别

取土层中点为判别点，本场地地震分组属于第二组 8 度，按教材中表 8-3 水平地震加速度为 $0.2g$，调整系数 β 值取 0.95，根据教材中表 8-14，基准标准贯入锤击数 $N_0=12$。

对于第一层粉土：$d_s=2.5\text{m}$，$d_w=0\text{m}$

$$N_{cr}=N_0\beta[\ln(0.6d_s+1.5)-0.1d_w]\times\sqrt{\frac{3}{\rho_c}}=12\times0.95\times[\ln(0.6\times2.5+1.5)]\times\sqrt{\frac{3}{8}}$$

$$=7.67>7$$

故判定第一层粉土层为液化土层。

对于第一层细砂：$d_s=7.5\text{m}$，$d_w=0\text{m}$

$$N_{cr}=N_0\beta[\ln(0.6d_s+1.5)-0.1d_w]\times\sqrt{\frac{3}{\rho_c}}=12\times0.95\times[\ln(0.6\times7.5+1.5)]\times\sqrt{\frac{3}{3}}$$

$$=20.43>16$$

故判定第二层细砂层为液化土层。

8-30 地基土层如图所示，砂层的细粒（<0.075mm）含量占 10%，场地震级为 7.5 级，场地设防烈度为第一组 7 度，地下水位以上细砂天然重度 $\gamma=17.3\text{kN/m}^3$，地下水位以下饱和重度 $\gamma_{sat}=19.3\text{kN/m}^3$，标准贯入试验 A 点和 B 点的锤击数分别为 7 和 10。动三轴试验结果，细砂的抗液化强度可表示为 $\frac{\sigma_d}{2\sigma_3}=0.25N_f^{-0.18}$。用西特抗液化剪应力法分析 A、B 处细砂液化的可能性。

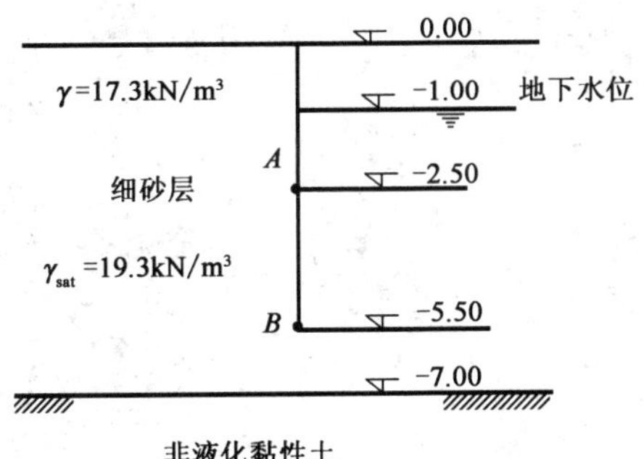

题 8-30 图

【解析】 参见《基础工程》（第 3 版）376 页：抗液化剪应力法。

（1）计算 A、B 两处的地震剪应力：

$$\tau_{av}=0.65\frac{\gamma h}{g}a_{max}\Gamma_d$$

由教材中表8-3,7度地震第一组的地震加速度为$0.1g$,由教材中表8-16得A点的校正系数$\Gamma_d=0.97$,B点的校正系数$\Gamma_d=0.97+\frac{0.91-0.97}{5}\times(5.5-5)=0.964$。

对于A点:$\tau_{av}=0.65\frac{\gamma h}{g}a_{max}\Gamma_d=0.65\times\frac{17.3\times1+19.3\times1.5}{10}\times0.1\times10\times0.97$
$=2.916\text{kN/m}^2$

对于B点:$\tau_{av}=0.65\frac{\gamma h}{g}a_{max}\Gamma_d=0.65\times\frac{17.3\times1+19.3\times4.5}{10}\times0.1\times10\times0.964$
$=6.526\text{kN/m}^2$

(2)计算A、B两处的抗液化剪应力

$$\tau_d=C_r\frac{\sigma_d}{2\sigma_3'}\gamma'h$$

由教材中表8-15,7.5级地震的等效循环周次$N_{eq}=20$,取$C_r=0.55$

对于A点:$\frac{\sigma_d}{2\sigma_3}=0.25\times20^{-0.18}=0.146$,

$\tau_d=0.55\times0.146\times(17.3\times1+9.3\times1.5)=2.51\text{kN/m}^2$

对于B点:$\frac{\sigma_d}{2\sigma_3}=0.25\times20^{-0.18}=0.146$,

$\tau_d=0.55\times0.146\times(17.3\times1+9.3\times4.5)=4.75\text{kN/m}^2$

(3)液化可能性判别

对于A点:$\tau_{av}=2.916\text{kN/m}^2$,$\tau_{d1}=2.51\text{kN/m}^2$,$\tau_{av}>\tau_{d1}$,故土层在$A$点处发生液化。

对于B点:$\tau_{av}=6.526\text{kN/m}^2$,$\tau_{d2}=4.75\text{kN/m}^2$,$\tau_{av}>\tau_{d1}$,故土层在$B$点处发生液化。

参 考 文 献

[1] 李广信,张丙印,于玉贞.土力学[M].2版,北京:清华大学出版社,2013.

[2] 周景星,李广信,张建红,等.基础工程[M].3版,北京:清华大学出版社,2014.

[3] 袁聚云,楼晓明,姚笑青,等.基础工程设计原理[M].北京:人民交通出版社,2011.

[4] 华南理工大学,浙江大学,湖南大学.基础工程[M].3版,北京:中国建筑工业出版社,2014.

[5] 卢廷浩.土力学[M].2版,南京:河海大学出版社,2005.

[6] 高大钊.实用土力学[M].北京:人民交通出版社股份有限公司,2014.

[7] 张忠苗.工程地质学[M].北京:中国建筑工业出版社,2007.